U0336829

同济博士论丛
TONGJI Dissertation Series

总主编 伍 江 副总主编 雷星晖

郭晓潞 施惠生 著

高钙粉煤灰基地聚合物及
固封键合重金属研究

Research on Preparing High-Calcium Fly Ash-Based
Geopolymers to Encapsulate and Bond Heavy Metals

同济大学出版社
TONGJI UNIVERSITY PRESS

内 容 提 要

本书以 CFA 作为硅铝源原材料,以含钙废弃物 FGDW 和 SL 为矿物外加剂,以钠水玻璃和氢氧化钠配制复合化学外加剂,研制 CFABG,包括 CFA 一元地聚合物、CFA-FGDW 二元地聚合物和 CFA-SL 二元地聚合物,并用这些地聚合物固封键合重金属。在研究和掌握原材料本征特征的基础上,确定了试验参数,包括复合化学外加剂的适宜模数与掺量、FGDW 和 SL 的适宜掺入方式和掺量以及适宜的养护条件等,并研究了重金属在 CFABG 中的浸出行为、迁移机制和长期安全性。本书适合从事材料科学与工程、环境科学与工程、土木工程等相关专业的高等院校师生和科学研究人员或工程技术人员学习与参考。

图书在版编目(CIP)数据

高钙粉煤灰基地聚合物及固封键合重金属研究 / 郭晓潞,施惠生著. —上海:同济大学出版社,2017.8
(同济博士论丛 / 伍江总主编)
ISBN 978-7-5608-6886-8

Ⅰ. ①高… Ⅱ. ①郭… ②施… Ⅲ. ①煤炭-聚合物 ②金属加工-键合工艺 Ⅳ. ①O63②TG

中国版本图书馆 CIP 数据核字(2017)第 081344 号

高钙粉煤灰基地聚合物及固封键合重金属研究

郭晓潞　施惠生　著

出 品 人	华春荣	责任编辑	陆克丽霞　熊磊丽
责任校对	徐春莲	封面设计	陈益平

出版发行　同济大学出版社　　www.tongjipress.com.cn
　　　　　(地址:上海市四平路 1239 号　邮编:200092　电话:021-65985622)
经　　销　全国各地新华书店
排版制作　南京展望文化发展有限公司
印　　刷　浙江广育爱多印务有限公司
开　　本　787 mm×1092 mm　　1/16
印　　张　11
字　　数　220 000
版　　次　2017 年 8 月第 1 版　　2017 年 8 月第 1 次印刷
书　　号　ISBN 978-7-5608-6886-8

定　　价　54.00 元

袁万城　莫天伟　夏四清　顾　明　顾祥林　钱梦骒
徐　政　徐　鉴　徐立鸿　徐亚伟　凌建明　高乃云
郭忠印　唐子来　阎耀保　黄一如　黄宏伟　黄茂松
戚正武　彭正龙　葛耀君　董德存　蒋昌俊　韩传峰
童小华　曾国荪　楼梦麟　路秉杰　蔡永洁　蔡克峰
薛　雷　霍佳震

秘书组成员：谢永生　赵泽毓　熊磊丽　胡晗欣　卢元姗　蒋卓文

总　序

　　在同济大学110周年华诞之际,喜闻"同济博士论丛"将正式出版发行,倍感欣慰。记得在100周年校庆时,我曾以《百年同济,大学对社会的承诺》为题作了演讲,如今看到付梓的"同济博士论丛",我想这就是大学对社会承诺的一种体现。这110部学术著作不仅包含了同济大学近10年100多位优秀博士研究生的学术科研成果,也展现了同济大学围绕国家战略开展学科建设、发展自我特色,向建设世界一流大学的目标迈出的坚实步伐。

　　坐落于东海之滨的同济大学,历经110年历史风云,承古续今、汇聚东西,秉持"与祖国同行、以科教济世"的理念,发扬自强不息、追求卓越的精神,在复兴中华的征程中同舟共济、砥砺前行,谱写了一幅幅辉煌壮美的篇章。创校至今,同济大学培养了数十万工作在祖国各条战线上的人才,包括人们常提到的贝时璋、李国豪、裘法祖、吴孟超等一批著名教授。正是这些专家学者培养了一代又一代的博士研究生,薪火相传,将同济大学的科学研究和学科建设一步步推向高峰。

　　大学有其社会责任,她的社会责任就是融入国家的创新体系之中,成为国家创新战略的实践者。党的十八大以来,以习近平同志为核心的党中央高度重视科技创新,对实施创新驱动发展战略作出一系列重大决策部署。党的十八届五中全会把创新发展作为五大发展理念之首,强调创新是引领发展的第一动力,要求充分发挥科技创新在全面创新中的引领作用。要把创新驱动发展作为国家的优先战略,以科技创新为核心带动全面创新,以体制机制改革激发创新活力,以高效率的创新体系支撑高水平的创新型国家建设。作为人才培养和科技创新的重要平台,大学是国家创新体系的重要组成部分。同济大学理当围绕国家战略目标的实现,作出更大的贡献。

大学的根本任务是培养人才,同济大学走出了一条特色鲜明的道路。无论是本科教育、研究生教育,还是这些年摸索总结出的导师制、人才培养特区,"卓越人才培养"的做法取得了很好的成绩。聚焦创新驱动转型发展战略,同济大学推进科研管理体系改革和重大科研基地平台建设。以贯穿人才培养全过程的一流创新创业教育助力创新驱动发展战略,实现创新创业教育的全覆盖,培养具有一流创新力、组织力和行动力的卓越人才。"同济博士论丛"的出版不仅是对同济大学人才培养成果的集中展示,更将进一步推动同济大学围绕国家战略开展学科建设、发展自我特色、明确大学定位、培养创新人才。

面对新形势、新任务、新挑战,我们必须增强忧患意识,扎根中国大地,朝着建设世界一流大学的目标,深化改革,勠力前行!

万　钢

2017 年 5 月

论丛前言

承古续今,汇聚东西,百年同济秉持"与祖国同行、以科教济世"的理念,注重人才培养、科学研究、社会服务、文化传承创新和国际合作交流,自强不息,追求卓越。特别是近20年来,同济大学坚持把论文写在祖国的大地上,各学科都培养了一大批博士优秀人才,发表了数以千计的学术研究论文。这些论文不但反映了同济大学培养人才能力和学术研究的水平,而且也促进了学科的发展和国家的建设。多年来,我一直希望能有机会将我们同济大学的优秀博士论文集中整理,分类出版,让更多的读者获得分享。值此同济大学110周年校庆之际,在学校的支持下,"同济博士论丛"得以顺利出版。

"同济博士论丛"的出版组织工作启动于2016年9月,计划在同济大学110周年校庆之际出版110部同济大学的优秀博士论文。我们在数千篇博士论文中,聚焦于2005—2016年十多年间的优秀博士学位论文430余篇,经各院系征询,导师和博士积极响应并同意,遴选出近170篇,涵盖了同济的大部分学科:土木工程、城乡规划学(含建筑、风景园林)、海洋科学、交通运输工程、车辆工程、环境科学与工程、数学、材料工程、测绘科学与工程、机械工程、计算机科学与技术、医学、工程管理、哲学等。作为"同济博士论丛"出版工程的开端,在校庆之际首批集中出版110余部,其余也将陆续出版。

博士学位论文是反映博士研究生培养质量的重要方面。同济大学一直将立德树人作为根本任务,把培养高素质人才摆在首位,认真探索全面提高博士研究生质量的有效途径和机制。因此,"同济博士论丛"的出版集中展示同济大学博士研究生培养与科研成果,体现对同济大学学术文化的传承。

"同济博士论丛"作为重要的科研文献资源,系统、全面、具体地反映了同济大学各学科专业前沿领域的科研成果和发展状况。它的出版是扩大传播同济科研成果和学术影响力的重要途径。博士论文的研究对象中不少是"国家自然科学基金"等科研基金资助的项目,具有明确的创新性和学术性,具有极高的学术价值,对我国的经济、文化、社会发展具有一定的理论和实践指导意义。

"同济博士论丛"的出版,将会调动同济广大科研人员的积极性,促进多学科学术交流、加速人才的发掘和人才的成长,有助于提高同济在国内外的竞争力,为实现同济大学扎根中国大地,建设世界一流大学的目标愿景做好基础性工作。

虽然同济已经发展成为一所特色鲜明、具有国际影响力的综合性、研究型大学,但与世界一流大学之间仍然存在着一定差距。"同济博士论丛"所反映的学术水平需要不断提高,同时在很短的时间内编辑出版110余部著作,必然存在一些不足之处,恳请广大学者,特别是有关专家提出批评,为提高同济人才培养质量和同济的学科建设提供宝贵意见。

最后感谢研究生院、出版社以及各院系的协作与支持。希望"同济博士论丛"能持续出版,并借助新媒体以电子书、知识库等多种方式呈现,以期成为展现同济学术成果、服务社会的一个可持续的出版品牌。为继续扎根中国大地,培育卓越英才,建设世界一流大学服务。

伍 江

2017 年 5 月

前　言

　　高钙粉煤灰(Class C Fly Ash，CFA)的大量排放和重金属废弃物的难以处置是当前节能减排和环境治理的巨大障碍。传统的固体废弃物处置仅仅是对废弃物实行无害化处置,常用的焚烧、填埋处理不符合发展循环经济和建设节约型社会的可持续发展战略,固体废弃物处置利用的瓶颈亟须突破。

　　地聚合物技术在工业废弃物的资源化利用和危险废弃物的安全处置方面具有潜在优势。然而,目前地聚合物的研究存在着很多问题,例如,先驱物的选择单一,反应机理的研究缺乏,在重金属废弃物处置方面的研究也局限于对含铜、铅等重金属的安全处置等方面。本书研制高钙粉煤灰基地聚合物(CFA-Based Geopolymer，CFABG)时,率先将地聚合物先驱物由自然资源高岭石扩展到排放量巨大的含钙工业固体废弃物 CFA、脱硫灰渣(Flue Gas Desulphurization Waste，FGDW)和污泥(Sludge，SL),在地聚合物的研制中协同处理这些固体废弃物,开创了一个富有挑战性和创新性的全新的研究领域;研究 CFA 硅铝相溶出聚合机理和钙质组分的作用机制以及 FGDW 和 SL 中的钙质组分对地聚合反应的影响,深化了地聚合物的理论研究;并用所研制的 CFABG 固封键合重金属铅以及较复杂的铬和汞等变价重金属,定量研究这些重金属在地聚合物中的浸出行为、迁移机制和长期安全性,扩展和充实了地聚合物固封键合重金属的数据库。

本书以 CFA 作为硅铝源原材料,以含钙废弃物 FGDW 和 SL 为矿物外加剂,以钠水玻璃和氢氧化钠配制复合化学外加剂,研制 CFABG,包括 CFA 一元地聚合物、CFA - FGDW 二元地聚合物和 CFA - SL 二元地聚合物,并用这些地聚合物固封键合重金属。在研究和掌握原材料本征特性的基础上,确定了试验参数,包括复合化学外加剂的适宜模数与掺量、FGDW 和 SL 的适宜掺入方式及掺量以及适宜的养护条件;制备了 CFABG;并采用 XRD、FT - IR、SEM - EDXA、ICP - AES 等测试方法,研究了硅铝相溶出聚合机理和钙质组分在地聚合反应中的作用机制以及 CFABG 的织构与形貌;探讨了重金属对 CFABG 的力学性能、织构和形貌的影响,并分别采用重金属静态浸出试验和重金属动态浸出试验,研究了重金属在 CFABG 中的浸出行为、迁移机制和长期安全性。

研究表明,在本试验条件下,钠水玻璃和氢氧化钠的复合化学外加剂的适宜的模数为 $n(SiO_2)/n(Na_2O) = 1.5$,掺量为 Na_2O 当量 $= 10\ wt\%$;FGDW 和 SL 的掺入方式和掺量分别为,800℃ 焙烧 1 h 的 FGDW 和 900℃ 焙烧 1 h 的 SL($< 45\ \mu m$)以 10 wt% 掺入 CFA;适宜的养护条件为,75℃ 养护 8 h,然后移至室温 23℃ 下继续养护至设定龄期,制得的 CFABG 具有较优良的力学性能。CFA 被化学外加剂激发,在室温下,硅相和铝相的溶出浓度相近,在 75℃,硅铝相的溶出浓度约为室温下溶出浓度的 2.5 倍;随着 CFA 不断地被碱性溶液激发,在碱激发作用、地聚合反应和水化反应多重作用下,粉煤灰颗粒的玻璃质球体被打破,部分硅铝相溶出,与此同时,大量无定形的地聚合物凝胶和水化硅酸钙凝胶填充其内;CFA 中的部分钙质组分参与了地聚合反应键合在

地聚合物中,部分参与水化反应生成了水化硅酸钙凝胶。CFABG 的 FT-IR 图谱出现 Al-O/Si-O 对称伸缩峰和 Si-O-Si/Si-O-Al 弯曲振动峰;XRD 和 SEM 检测表明其主要产物为无定形的地聚合物凝胶,也有类沸石矿物 $CaAl_2Si_2O_8 \cdot 4H_2O$ 的形成;FGDW 和 SL 对地聚合反应起到了硫酸盐激发和碱激发的作用。CFABG 分别固封键合 2.5% Pb(II),2.5% Cr(VI) 和 1.0% Hg(II) 后,其抗压强度有所降低;物相组成仍为地聚合物凝胶,类沸石物相除 $CaAl_2Si_2O_8 \cdot 4H_2O$ 外,还有 $H_4Si_8O_{18} \cdot H_2O$ 和 $Li_4Al_4Si_4O_{16} \cdot 4H_2O$ 等的生成;Pb(II) 和 Hg(II) 生成了难溶的重金属硫化物;FT-IR 的透光度明显下降,对称伸缩峰向较低波数处移动;重金属在 CFABG 中均匀分布,SEM 图谱中分别出现了丝毛状、微细颗粒状、针状及细条状的产物。研制的 CFABG 具有优异的固封键合性能,CFABG 分别固封键合 0.025% Pb(II),0.025%Cr(VI) 和 0.01% 的 Hg(II) 后,按照美国毒性浸出试验(TCLP)进行重金属静态浸出试验,在 pH 为 2.88 的酸性浸出液中,重金属浸出浓度远低于 TCLP 规定限制,固封键合重金属率为 96.02%～99.98%;参照欧盟槽浸出试验(ANSI/ANS-16.1-2003)进行重金属动态径向浸出试验,浸出液中铅和汞的动态实时浸出浓度分别低于 1.1 $\mu g/L$ 和低于 4.0 $\mu g/L$,铬的动态实时浸出浓度低于 3.25 mg/L。CFABG 中重金属的迁移机制符合"收缩未反应核浸出模型",重金属物质的扩散量与扩散半径存在指数关系,重金属的迁移、扩散和浸出是一个多因素控制的复杂过程。

目　录

第 1 章

绪 论

1.1 研究背景

建设生态文明,基本形成节约资源能源和保护生态环境的产业结构、增长方式和消费模式是我国的重要发展战略目标。节能减排是贯彻落实科学发展观、构建社会主义和谐社会的重大举措;是建设资源节约型、环境友好型社会的必然选择;是推进经济结构调整,转变增长方式的必由之路;是维护中华民族长远利益的必然要求。节能减排的重点之一就是要大力发展循环经济,加快生态化改造,构建跨产业生态链,控制和减少污染物排放,促进工业固体废弃物的减量化与资源化利用,有效提高资源的利用效率,使工业固体废物资源化利用率达到 60% 以上,实现经济、社会、环境的协调发展。

随着现代科学技术的日新月异和工业化进程的迅猛加速,人类涉足的领域在不断扩大,人们在创造社会财富的同时,也产生了大量的工业废弃物以及有毒有害的危险废弃物,这些固体废弃物不断地破坏人类赖以生存的环境空间,威胁人类的生存。随着电力工业的飞速发展和煤炭资源的耗竭,具有高挥发性的褐煤和次烟煤也被用作动力燃料,导致越来越多的高钙粉煤灰(Class C Fly Ash,CFA)的大量排出,并由于其游离氧化钙含量高而难以在水泥基材料中得到有效利用并堆积形成新的污染源,亟须加以处置利用。严重的环境污染和生态破坏让人们逐渐觉醒,人们采取各种举措来减少对环境造成的压力。如为了减小二氧化硫的排放对大气造成的污染,燃煤电厂安装了脱硫工艺设备,此工艺的实施在减少二氧化硫气体排放的同时又产生了脱硫灰渣(Flue Gas Desulphurization Waste,FGDW);又如为了保护水资源,让工业废液不要给水环境带来威胁,水处理工艺又不可避免地产生了污泥(Sludge,SL)。随着国家经济建设的飞速发展,工业废弃物的排放量也越来越大,如不对此进行适当的处理,会对生态环境造成严重的影响。

重金属废弃物是全球废弃物管理中的难题,若处置不当,其毒性物质在环境中扩散将祸及居民。如铬渣中富含有毒有害的重金属铬,其所含的六价铬能引起肺癌也早已被国内外公认[1]。又如位于岳麓山三汊矶的长沙铬盐厂虽在 2003 年就被环保部门关停,但它对环境的污染影响至今仍未结束。重金属废弃物对人类健康和生态环境的潜在危害和影响是难以估量的,一旦发生,必定会给人类带来灾难性的后果。固封键合技术是目前国际上处置重金属废弃物的重要手段,使用最早且较多的固化材料为水泥基材料[2-5],美国环保局曾将此技术称为处理有毒有害废弃物的最佳技术[6-9]。随着工业化进程的加快,重金属废弃物更是以惊人的速度上升,这样势必造成硅酸盐水泥需求量的增大。然而,作为重金属固化材料的硅酸盐水泥,其生产过程不仅消耗大量的天然矿物资源,而且排放大量的二氧化碳和其他有害气体、灰尘,造成环境污染。数据表明[10-12],每生产 1 吨硅酸盐水泥需要大约 2.8 t 的原材料,包括燃料和其他原材料,同时产生大约 1 t 的温室气体。硅酸盐水泥的原材料的紧缺已是全球必须面对的十分紧迫的实际问题,预计在 21 世纪中叶就将耗尽,但国家经济建设迫切需要水泥基材料,因此必须开发新型胶凝材料取代水泥。

　　30 多年来,地聚合材料是国际上水泥制造技术发展的一个方向,被公认为 21 世纪最有前景的发展方向。目前,国际上已有 30 多个国家成立了专门研究这种材料的研究所,我国也急需加强这方面的研究。地聚合材料的水化反应完全不同于硅酸盐水泥的水化反应,它是一种无机聚合反应,因此兼具有机高聚物、陶瓷、水泥的特点,在某些性能方面,甚至可与金属材料相媲美,通过适当措施后,可使其具有高强、高韧、低孔隙率等优异性能,除作为建筑材料外,还可广泛用于固封核废料和重金属废弃物、海水淡化、废水处理等新兴科学领域。地聚合物的制备不需要硅酸盐水泥那样高的温度,能耗远低于硅酸盐水泥,生产过程中也不会排放那么多的有害气体和粉尘,排放的二氧化碳量仅为生产硅酸盐水泥的五分之一,几乎无环境污染。地聚合材料确实是一种高性能、低成本、高可靠性的环境友好材料,有望替代硅酸盐水泥,是一种可持续发展的胶凝材料。地聚合物的研究发展也相当迅速,已经从消耗自然资源的偏高岭土基地聚合物发展到利用工业固体废弃物研制地聚合物的阶段。废弃物治理的传统做法是对废弃物实行无害化处置,传统的焚烧、填埋处理不符合发展循环经济和建设节约型社会的可持续发展战略。从源头上控制各类固体废弃物,然后采取针对性的安全处置和资源化利用方法,生产节能利废型胶凝材料,实现固体废弃物的零排放、零增长,是实现固体废弃物最终处置的根本方法。因此,加强资源化利用的研究,充分利用废弃物中的资源、能源,才能攻克固体废弃物的处置利用瓶颈。

　　可持续发展是指导我国乃至整个世界今后发展的重大战略思想,发展循环经济是全社会的奋斗目标。循环经济的特征之一是废弃物的减量化、资源化和无害化,地聚合物是一种低能耗、高经济效益,并能大量共处置其他工业废弃物,同时又能处置含重金属的废弃物,实践循环经济,对节能减排和保护环境具有十分重要的理论意义和经济、社会、环境效益。

1.2 研 究 现 状

1.2.1 三种工业废弃物的处置与资源化利用现状

1.2.1.1 粉煤灰

1. 粉煤灰的产生

粉煤灰是指火力发电厂排放出来的一种工业废弃物,是一种高度分散的微细颗粒集合体,其单体为灰白色粉状细小颗粒,粒径 $1\sim50~\mu m$。由于粉煤灰颗粒轻微,遇风漫天飞舞,有关研究显示,粉煤灰一旦被风吹起,可在大气中漂浮 100 d 以上,对环境以及人体健康都有严重的危害。

粉煤灰化学成分以 Al_2O_3 和 SiO_2 为主,次要成分为 CaO 和 Fe_2O_3 以及少量的 MgO 和 SO_3 等。参照美国 ASTM - C618 标准(粉煤灰、烧结或天然火山灰作为混凝土矿物掺合料的标准),根据粉煤灰的化学成分,粉煤灰可分为 F 级和 C 级,$(SiO_2+Al_2O_3+Fe_2O_3)>70\%$ 为 F 级粉煤灰(Class F fly ash, FFA),$(SiO_2+Al_2O_3+Fe_2O_3)>50\%$ 为 C 级粉煤灰(Class C fly ash, CFA)。按照我国《用于水泥和混凝土中的粉煤灰》(GB/T 1596—2005)标准,将 CaO 含量大于或等于 10% 的粉煤灰称为高钙粉煤灰,而 CaO 含量小于 10% 的粉煤灰称为低钙粉煤灰。比较这两个标准,本书将我国的高钙粉煤灰亦简写为 CFA,将低钙粉煤灰简写为 FFA。粉煤灰中 CaO 含量因发电厂采用的煤种不同而不同。通常,FFA 是火力发电厂采用烟煤等作为动力燃料而排放出的粉煤灰,而 CFA 是火力发电厂采用褐煤、次烟煤作为燃料时排放出的一种氧化钙含量较高的粉煤灰。

粉煤灰的排放量是巨大的,然而它的资源化利用却是有限的。在美国,2007 年,粉煤灰总排放量 71 亿 t,仅 44.1% 得以资源化利用[13]。2007 年度,上海市粉煤灰排放量为 563 万 t,其中,CFA 为 168 万 t[14]。2010 年,中国粉煤灰的排放量将超过 2 亿 t[15-17]。因此,提高粉煤灰处置和资源化利用总量,达到经济发展和环境保护的双赢,对建设资源节约型、环境友好型的社会意义重大。

2. 粉煤灰的处置和资源化利用

我国对粉煤灰的处置和资源化利用做了多方探索和实践,其资源化利用可以带来很大的经济和环境效益。

粉煤灰属于 Al_2O_3 – SiO_2 – CaO 系统,化学成分以 Al_2O_3 和 SiO_2 为主,次要成分为 CaO 和 Fe_2O_3 以及少量的 MgO 和 SO_3 等。在粉煤灰的资源化利用途径中,将其用作水泥和混凝土的掺合料替代水泥,利用效率最高、对节能减排贡献最大。用粉煤灰作为水泥生产辅料,可以在保证水泥强度等级和水泥质量的前提下大大节约水泥生产的能耗和成本,用作混凝土矿物外加剂,可以大大增强混凝土的水下地下强度、耐腐蚀性等多项指标。粉煤灰用于硅酸盐水泥混凝土,不仅由于火山灰反应可以增强其流变学性能,还由于其可以迅速与水泥中的碱性物质反应,从而减少了碱集料反应[18]。由粉煤灰生产的砌块是一种低能耗、无污染、保洁好、隔音好、用途广的新型建材,其承重砌块具有比实心黏土砖所建墙体自重轻 20%~30%、工效提高 30%~50%、墙体总造价低 5%~10%、使用面积增大 2%~5%等优势。粉煤灰的主要成分为铝、硅形成的活性成分,同时,粉煤灰的比表面积较大,具有很大的表面能,且粉煤灰的密度小,在公路中资源化利用具有一定的基础和优势。另外,粉煤灰的物理性能、矿物学组成、化学组成及其颗粒组成决定了粉煤灰可用作土壤改良剂,在农业领域也有一定的前景。

国外对粉煤灰处置和资源化利用的研究已较为成熟,除了将其用于水泥砂浆和混凝土、砌块生产、路基材料,土壤改性外,还进行了地聚合物的研究。在 20 世纪 80 年代,James Swayer 课题组介绍了一种由粉煤灰在碱金属激发剂和柠檬酸激发剂作用下生成的地聚合物[19]。1992 年,Roy 教授和 Jiang 等人提出了一种新的碱激发水泥[20]。粉煤灰与天然硅酸盐材料成分的相似性推动了用地聚合反应制备新型水泥的进程[21,22]。1994 年，Davidovits 进一步提倡利用粉煤灰制备地聚合物，这一新型技术的应用可以减少用于生产水泥所产生的 80%～90% 的二氧化碳的排放量。1997 年，Silverstrim 等和 Jaarsveld 等研制的粉煤灰基地聚合物申请了美国专利，这一专利推动了粉煤灰地聚合物的发展，1998—1999 年，Van Jaarsveld 和 Van Deventer，Jaarsveld 等用地聚合材料成功地固化了一些重金属[23,24]，吸引了更多学者朝着研制粉煤灰地聚合物的方向进行研究[25-28]。加之，粉煤灰是一种燃烧残渣，不再需要热预处理，倘若用之作为原材料生产新型胶凝材料则减少了对能源的消耗，这就更增加了其资源化利用的附加值。

FFA 目前已得到了较为广泛的应用，而随着能源需求的加大，褐煤、次烟煤用作燃料也日益增加，这样导致了火力发电厂 CFA 的大量排放。CFA 既含有一定数量的水硬性晶体矿物又具有潜在活性，可用作水泥混合材料或混凝土掺合料，具有减水效果好、早期强度发展快等优点，但由于其 f-CaO 含量高，若使用不当，会导致水泥安定性不合格甚至导致混凝土膨胀开裂，至今尚未得到很好的利用。在地聚合物研制中，利用 CFA 研制地聚合物的研究尚未开展。在我国探索 CFA 大量处置和资源化利用的途径非常必要。

1.2.1.2 脱硫灰渣(FGDW)

1. FGDW 的产生

据世界卫生组织和联合国环境规划署统计，目前，每年由工业生产所排放到大气中的二氧化硫高达 2 亿 t 左右，已形成大气环境的首要污染物，其中矿产燃料，主要是煤和石油的燃烧，是大气中二氧化硫的最主要来源。随着人们对环境保护要求的提高，为解决工业废气对环境造成的污染,各国政府相继以法律、法规形式规定排硫炉、窑必须进行烟气脱硫处理。

　　FGDW 是对含硫燃料(煤、油等)燃烧后产生的烟气进行脱硫净化处理而得到的工业废弃物。自 20 世纪 70 年代以来,以日本和美国为首,各国相继制定和实施控制二氧化硫排放的战略。烟气脱硫工艺有效地控制了有害气体尤其是二氧化硫的排放,减少了烟气造成的酸雨酸雾等环境污染,与此同时,产生大量的工业废弃物,目前,其在世界范围内的排放量正在逐渐增加,排放速度非常惊人,我国火力电厂的烟气脱硫机组容量约为 40 000～50 000 MW,其中有 70% 以上采用湿式石灰/石灰石-石膏法脱硫工艺[29]:以燃煤含硫量约 2%,年运行 5 000 h,年脱硫效率以 90% 计,届时,年产量约 850 万 t,加上新建和其他行业的烟气脱硫工艺,其产量将达到 2 000 万 t,如不对其加以有效利用,不仅要占用大量土地,存储管理不善还可能造成二次污染。因此,安全处置和资源化利用 FGDW 已成为工业废弃物资源化利用和保护环境的新课题。

　　本书研究的 FGDW 为二水硫酸钙含量较高的 FGDW,其有很高的附加值和应用前景。欧洲对其定义为:来自烟气脱硫工业的脱硫副产物是经过细分的湿态晶体,是高品位的二水硫酸钙($CaSO_4 \cdot 2H_2O$)。美国测试学会对其定义为:在烟气脱硫过程中产生,是一种化工副产品,主要由含两个结晶水的硫酸钙组成[30]。它本质上是一种工业副产石膏,物理、化学特征和天然石膏具有共同的规律,经过转化后同样可以得到 5 种形态和 7 种变体,它和天然石膏经过煅烧后得到的熟石膏和石膏制品在水化动力学、凝结特性、物理性能上也无显著的差别。但作为一种工业副产石膏,它具有再生石膏的一些特性,和天然石膏有一定的差异,主要表现在原始状态、机械性能和化学成分特别是杂质成分上的差异,导致其脱水特征、易磨性及煅烧后的熟石膏粉在力学性能、流变性能等宏观特征上与天然石膏有所不同。

2. FGDW 的处置和资源化利用

日本是世界上应用 FGDW 最早且最好的国家,1999 年,它用 FGDW 取代天然石膏用作水泥添加剂和墙板生产材料,也用于地面自流平材料的研究。美国每年烟气脱硫产生 2.2×10^7 t 湿式收尘泥,用于路基、墙板、农业等,然而因烟气脱硫得到的湿式收尘泥其组成和性能波动很大,它的商品利用率虽有所提升,但大部分仍采取填埋处理。在欧洲,几乎所有的 FGDW 都被应用在建材行业,广泛应用在生产熟石膏粉、α 石膏粉、石膏制品、石膏砂浆、水泥添加剂等各种建筑材料之中。FGDW 的应用技术也非常成熟,因为已经较好地解决了其运输、成块、干燥、煅烧技术,其工艺设备已经专业化、系列化[31-35]。

我国的烟气脱硫技术起步较晚,2009 年,FGDW 产量达到 2 000 万 t。如果不能很好处置和资源化利用,不仅要占用大量的填埋土地,而且对生态环境产生的污染危害,很可能要超过烟气尚未脱硫的污染程度。

国内 FGDW 产生的历史很短,它的处置和资源化利用也是刚刚起步,对其应用价值和市场竞争力普遍认识不够。我国现阶段仅在少数领域中对其进行资源化利用,如技术含量低的建材石膏、水泥辅助料、路基填埋料,且尚未形成工业规模。

我国 FGDW 的排放最早是在重庆珞璜电厂和太原第一热电厂,太原第一热电厂采用先进的气流干燥工艺和连续煅烧技术生产脱硫建筑石膏,自动化程度高,能耗低,质量稳定。重庆大学利用珞璜电厂的 FGDW,研制建筑石膏、粉刷石膏、石膏腻子、水泥缓凝剂以及胶结材,取得良好效果。随着长江三角洲燃煤电厂大规模启动烟气脱硫工程,特别是大多数燃煤电厂采用了石灰石-石膏的湿法脱硫新工艺之后,长江三角洲尤其是沿江地区,2008 年 FGDW 排放量达到 130 万 t。近两年,人们对其的物理化学性能及其处置和资源化利用的研究取得了初步成果。

FGDW 在水泥中的应用已被水泥行业接受。研究表明[36-38]:二水硫酸钙含量较高的 FGDW 可以代替天然石膏作水泥辅料,具有调凝剂和硫酸盐激发剂的双重作用,含有的杂质也各自发挥着作用。水泥熟料中铝酸三钙水化很快,如掺入 FGDW,它可以与铝酸三钙反应生成钙矾石,钙矾石起初只在铝酸三钙表面,这样就形成了一个不可渗透膜,阻止了铝酸三钙的水化,延长了凝结时间。有些研究发现,它与天然石膏相比更能延缓凝结时间,这是由于其形貌和点阵晶格以及溶解度、细度的不同。天然石膏是受地质影响在加热或加压条件下而形成的片状结构,理论晶形为单斜,而 FGDW 为完整的六方晶系,加之溶解度很大($0.273\ g/100\ g\ H_2O$),比天然石膏还大($0.260\ g/100\ g\ H_2O$),且颗粒很细,90% 小于 71 μm,与矿渣微粉及水泥颗粒能够充分接触,迅速发生反应,可有效调节凝结时间。另外,FGDW 中含有的杂质 $CaSO_3 \cdot 2H_2O$,进一步延缓了凝结时间。它不仅可作水泥缓凝剂,同时还起到硫酸盐激发剂的作用,其含有部分未反应的 $CaCO_3$ 和部分可溶盐,如 K^+,Na^+ 盐,这些杂质的存在有利于加速水泥水化,激发水泥混合材或混凝土掺合料的活性,促进了水泥强度的发展。另外,$CaCO_3$ 还可以对水泥硬化浆体的结构与性能起到改善作用。FGDW 中的不纯物主要为炭、亚硫酸钙、金属离子等。炭一般在混入水泥混凝土时易进入浮浆中,活性炭如果吸附性强,易使混凝土质量下降;亚硫酸钙超过一定量与石膏共存时,易引起凝结时间延长;B、Zn、Pb、Sn、Cu、As、P 等物质对水泥凝结硬化有不良影响。作者和施惠生教授进行了 FGDW 在矿渣微粉中的资源化利用的研究,研究确定了 FGDW 在矿渣微粉中的处置利用方式,并将其与矿渣微粉复合用作水泥混合材和混凝土掺合料,取得了一定的成果[39,40]。

FGDW 也用作制品的研究和生产。清华大学超低能耗示范楼在围护结构中采用了一种新型墙材,是一种双废利用、材料成本低廉、节能建筑材料制品[41]。这种砌块具有以下几个特性:砌块的导热系数较低,具有良好的保温性能。导热系数越小,传热速度越慢。用于建筑物内保温外墙内侧,可提高墙体的热阻值,增强保温效果,节约能源。砌块还有耐火安全和质轻易施工等特性。由于 FGDW 比天然石膏的品位高,生产出的建筑石膏强度也高[42,43],比国家标准规定的优等品强度值高 40%～45%,是目前国内建筑石膏强度最高的品种,而且生产电耗比天然石膏低 40%～60%,生产成本则为天然石膏成本的 70%～80%。排除 FGDW 杂质对纸面石膏板的影响后,用它部分或全部代替天然石膏制作纸面石膏板是可行的[44]。

陈云嫩等[45]利用 FGDW 的胶凝性能,将之与火电厂废弃物按一定比例混合后,能产生与水泥水化产物相似的成分。在保证充填体抗压强度的情况下,它能取代 10%～12% 的水泥以胶结尾砂充填,从而降低充填成本。这既降低了尾砂胶结充填的成本,又实现了变废为宝;同时还能促进矿山胶结充填采矿工艺和湿式烟气脱硫工艺的发展,为充填胶凝材料的研究开辟了新的思路。

1.2.1.3 污泥(SL)

1. SL 的产生

SL 是一种主要的城市废弃物,也是水污染治理过程中不可避免产生的特殊废弃物。当前,我国水污染现象十分严重,全国 26% 的地表水国家重点监控断面劣于水环境 V 类标准,62% 的断面达不到 Ⅲ 类标准;流经城市 90% 的河段受到不同程度污染,75% 的湖泊出现富营养化;30% 的重点城市饮用水源地水质达不到 Ⅲ 类标准[46,47]。《国家环境保护"十一五"规划》提出加快城市污水和垃圾处理,保障群众饮用水水源安全[48]。随着人们环境意识的加强和水质量指标的日趋严格,饮用水和污水处理过程所产生的 SL 必将成为水污染治理工艺不可避免的特殊废弃物。我国城市污水处理厂每年排放 SL 大约为 130 万 t(干重),且年增长率大于 10%,若城市污水全部得到处理,则将产生 840 万 t(干重),占我国总固体废弃物的

3.2%,尤其是在我国大城市,这种废弃物的出路问题已经十分突出,目前尚无合理的处理办法,只能占地填埋或单独焚烧处理[49,50]。焚烧的技术和设备复杂,能耗大,费用较高,并且有大气污染问题;填埋不仅占地,还会污染地下水和土壤。

SL 是由水和污水处理过程所产生的固体沉淀物质[51],其成分非常复杂,含有很多病菌微生物、寄生虫(卵)、重金属及多种有毒有害有机污染物等,目前所采用的处理方法均无法消除其对环境造成的二次污染。George 等研究了北美 10 个自来水处理厂产生的 SL,对其毒性研究表明,铝质 SL 沥出的水溶液影响海藻的生长;Edson Luís Tocaia dos Reis 等对巴西饮用水处理厂产生的 SL 直接排放处的地表水、海底深层水的研究表明,沉淀物尤其是铝质沉淀物会对环境造成二次污染[52-55]。因此,在 SL 的处置利用过程中,需考虑如何避免和减少其对环境的潜在危害。

2. SL 的处置和资源化利用

干化 SL 的主要化学成分为 SiO_2、Al_2O_3、Fe_2O_3 和 CaO,其中,其 SiO_2 含量远低于黏土中的含量,Fe_2O_3 的含量比黏土中高 10% 左右,其他成分的含量二者基本接近。粉煤灰则已作为水泥混合材、混凝土掺料、制砖原材料等广泛使用。将 SL 与粉煤灰混合,并采用一定的校正原料进行适当的成分调整后用于制备轻质集料或陶粒、砖等土木工程材料在理论上是完全可行的。另外,干化 SL 中含有有机碳,有一定的热值,其燃烧热值在 1 000 J/g 左右,用于水泥、制砖等工业,可节约能源。SL 可以与粉煤灰一起用于水泥工业,专家学者在轻质集料或陶粒、混凝土、砖、路基等土木工程材料方面也进行了多方探索。

水泥工业具有大量消耗 SL 的能力。Araceli Ga'lvez 和 Zabaniotou[56,57] 等研究了干化 SL 在水泥工业中的资源化利用,其与水泥原料之间存在交互作用,可作为绿色能源替代传统燃料用于水泥的生产,它的加入改善了水泥熟料的易烧性,水泥的凝结时间和安定性正常。在生产水泥的过程中,其潜在危害还可以被中和吸收掉,加之,水泥作为最早用于固化稳定技术的材料,其在应用过程中对重金属有较好的物理固封和化学吸附作用,可以很大程度上减少人们对 SL 中重金属潜在危害的困扰和担忧,确保其资源化利用的安全性、可靠性和避免二次污染等方面的投入。它与粉煤灰复合,也可作为掺合料用于水泥混凝土。干化 SL 的无规则颗粒具有较高的比表面积,它的加入使需水量增加,延长凝结时间,干化 SL 在有石灰存在的条件下,可生成新的水化产物,使得水泥混凝土的抗压强度降低,然而,它与粉煤灰复合,火山灰效应对水泥混凝土的长期性能有利[58,59]。

王慧萍等[60]利用粉煤灰和 SL 为原材料,经动态膨胀和静态膨胀的焙烧过程,生产出了堆积密度为 800 级、筒压强度达 7.10 MPa、吸水率为 7%的高强优质轻集料,此集料内部形成以石英和莫来石为主要成分的网络状结构的晶体,表面形成釉化层,能有效降低吸水率,提高集料的筒压强度,集料内部孔结构多为孤立的圆孔,且分布均匀、孔径较小,连通率低。许国仁等[61]用干化 SL、黏土和黏结剂作为主要原料,在 950℃ 的烧成温度下,保温时间为 20 min,生产出松散容重 519 kg/m³、颗粒表观密度为 1 110 kg/m³、吸水率为 19.6%、空隙率为 53.2%的轻质陶粒。

SL 与粉煤灰、黏土等复合可用于砖的生产[62-64]。目前,这方面研究的技术难点是,SL 中的有机质和较大的含水量影响制砖的工艺,而且它的掺入对砖的抗压强度和收缩性能有影响。然而,这些困难并未能阻碍人们将其用作制砖原料的探索。Anderson 等将 5%的 SL 焚烧灰掺入制砖原料,制得的砖没有不良影响,也没有超标排放任何有害物。Horth 等用 5%或10%的 SL 等量取代黏土制得的砖性能优良,但机械强度和抗冻融性随着SL 掺量的增加而削弱,甚至 SL 低掺量制成的砖其机械性能也受损,这与SL 中的石灰含量有关。Goldbold 等用 80%的 SL 等量取代制砖原料,砖的性能合格。SL 和粉煤灰用于制砖工艺降低了能量的需求,充当了制砖原材料,节约了黏土资源。

干化 SL 磨细后可用作沥青混合材的填充材料,也可用作清洁填埋层衬垫等路基材料和岩土工程材料。

1.2.2　地聚合物国内外研究现状

1.2.2.1　地聚合物的定义和研究历史

地聚合物概念是法国教授 Davidovits 提出的,他在对古罗马和埃及建筑物的研究过程中发现,古建筑物金字塔的物相分析,碳酸钙为主要结晶相,此外还发现了无定形的硅铝酸盐化合物和与地壳中大量存在的沸石类物质结构相似的物质[65-66]。1979 年,他研究了碱激发偏高岭土所形成的胶凝材料,并提出了地聚合物的概念。

地聚合反应是硅铝酸盐矿物在地质化学作用下而发生的矿物聚合反应。任何火山灰化合物或硅铝源都可以作为地聚合反应的先驱物质在碱溶液中解聚溶出,然后再聚合生成地聚合物。化学外加剂是来自元素周期表第一主族的元素形成的化合物,因此,从化学反应的角度来看,这种材料可称为碱激发硅铝胶凝材料,属于碱激发胶凝材料。硅原子和铝原子反应形成的分子在化学上和结构上可以与天然岩石相媲美。无机聚合材料是一种与地质长石类似的无定形矿物,然而其合成方式又与热硬化性能的有机聚合物类似,基于此,这类材料被界定为地聚合材料。地聚合物是以硅氧四面体和铝氧四面体以角顶相连而形成的具有非晶体态和半晶体特征的三维网络状固体材料,是由地球化学作用或人工模仿地质合成作用而制造出的以无机聚合物为基体的坚硬的人造岩石。其中英文的同义词还有矿物聚合物(Mineral Polymer)、地聚合材料(Geopolymeric Materials)、铝硅酸盐聚合物(Aluminosilicate Polymer)和无机聚合材料(Inorganic Polymeric Materials)等。自 Davidovits 之后,地聚合物的研究呈指数增长。表 1-1 列出了国外地聚合研究过程中的突破性进展事件。

表 1-1 地聚合物研究史上的突破性进展事件

Autors	Year	Important Events
Davidovits	1979	"Geopolymer" term
Langton and Roy	1984	Ancient building materials characterized
Davidovits and Sawyer	1985	Patent of "Pyrament" cement
Höller and Wirshing	1985	Zeolite made from fly ash
Malek. et al.	1986	Slag cement-low level radioactive wastes forms
Davidovits	1987	Ancient and modern concretes compared
Deja and Malolepsy	1989	Resistance to chlorides shown
Kaushal et al.	1989	Adiabatic cured nuclear wastes forms from alkaline mixtures
Roy and Langton	1989	Ancient concretes analogs
Talling and Brandstetr	1989	Alkali-activated slag
Roy et al.	1991—1992	Alkali-activated cements
Palomo and Glasser	1992	CBC with metakaolin
Roy and Malek	1993	Slag cement
Krivenko	1994	Alkaline cements
Silverstrim et al.	1997	Fly ash cementitious material (US Patent 5601643)
Van Deventer et al. And Palmo et al.	1998—1999	Alkali activated fly ashes
Van Deventer	2000	Geopolymerization of alumino-silicate minerals
Palomo et al.	2005	A descript model of alkali-activated fly ash cement
Chindaprasirt	2007	Coarse high calcim fly ash geopolymer
Duxson et al.	2007	Inorganic polymer technology
Van Deventer et al.	2007	Geopolymeric conversion mechanisms of inorganic waste
Khale and Chaudhary	2007	Geopolymerization mechanism

地聚合物的制备不仅工艺简单、价格低廉,而且与水泥基材料相比,它的生产是能耗低、无二氧化碳排放,而且具有非常优异的耐久性能,能在较恶劣环境中保持几千年甚至上万年而不破坏。

1.2.2.2 地聚合反应的机理研究

地聚合反应化学机理:

地聚合反应是基于碱激发无机材料化学,地聚合物的形成过程分为 4 个阶段[81-82]:① 硅酸盐矿物粉体原料在碱性溶液(NaOH,KOH)中的溶解;② 溶解的铝硅配合物由固体颗粒表面向颗粒间隙的扩散;③ 凝胶相形成,并在碱硅酸盐溶液和铝硅配合物之间发生缩聚反应;④ 凝胶相逐渐排除剩余的水分,固结硬化成地聚合物块体。地聚合反应方程式如图 1-1 所示。

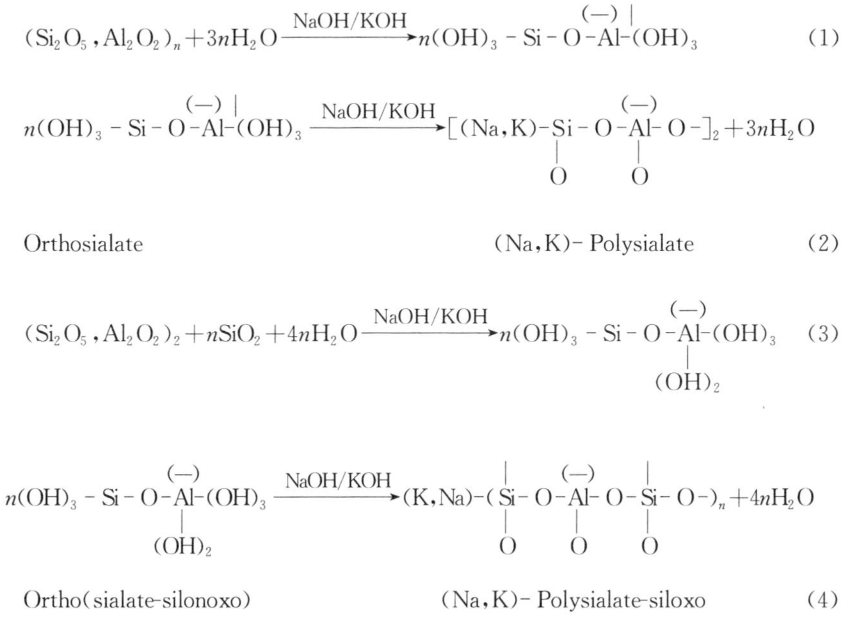

$$(\mathrm{Si_2O_5,Al_2O_2})_n+3n\mathrm{H_2O} \xrightarrow{\mathrm{NaOH/KOH}} n(\mathrm{OH})_3-\underset{}{\mathrm{Si}}-\mathrm{O}-\overset{(-)\ |}{\mathrm{Al}}-(\mathrm{OH})_3 \quad (1)$$

$$n(\mathrm{OH})_3-\mathrm{Si}-\mathrm{O}-\overset{(-)\ |}{\mathrm{Al}}-(\mathrm{OH})_3 \xrightarrow{\mathrm{NaOH/KOH}} \left[\underset{\underset{\mathrm{O}}{|}}{(\mathrm{Na,K})-\mathrm{Si}}-\mathrm{O}-\overset{(-)}{\underset{\underset{\mathrm{O}}{|}}{\mathrm{Al}}}-\mathrm{O}-\right]_2+3n\mathrm{H_2O}$$

Orthosialate (Na,K)- Polysialate $\quad (2)$

$$(\mathrm{Si_2O_5,Al_2O_2})_2+n\mathrm{SiO_2}+4n\mathrm{H_2O} \xrightarrow{\mathrm{NaOH/KOH}} \underset{(\mathrm{OH})_2}{n(\mathrm{OH})_3-\mathrm{Si}-\mathrm{O}-\overset{(-)}{\mathrm{Al}}-(\mathrm{OH})_3} \quad (3)$$

$$n(\mathrm{OH})_3-\underset{(\mathrm{OH})_2}{\mathrm{Si}}-\mathrm{O}-\overset{(-)}{\mathrm{Al}}-(\mathrm{OH})_3 \xrightarrow{\mathrm{NaOH/KOH}} (\mathrm{K,Na})-\underset{\underset{\mathrm{O}}{|}}{(}\overset{}{\mathrm{Si}}-\mathrm{O}-\overset{(-)}{\underset{\underset{\mathrm{O}}{|}}{\mathrm{Al}}}-\mathrm{O}-\underset{\underset{\mathrm{O}}{|}}{\mathrm{Si}}-\mathrm{O}-)_n+4n\mathrm{H_2O}$$

Ortho(sialate-silonoxo) (Na,K)- Polysialate-siloxo $\quad (4)$

图 1-1 地聚合反应

地聚合物可以用下式表示:

$$R_n\left[-(Si-O_2)_z-Al-O\right]_n \cdot w\,H_2O$$

其中,R 为碱金属元素;z 为 1,2 或 3;n 是缩聚度。

地聚合物由铝和硅四面体交替连接,并共用所有的氧原子。Al－O－Si 结构是地聚合物结构的主要结构单元。碱金属盐和/或碱金属的氢氧化物对原材料中硅和铝的解聚溶出非常必要,同时也是缩聚反应的催化剂。原材料源中铝单体和硅单体先在碱金属的作用下解聚溶出,然后共聚成活性较高的凝胶相。Na、K、Ca 和其他金属阳离子填充在地聚合物中用以保持电价和结构的平衡。阳离子在地聚物中仅仅是简单地用以平衡电价还是同时对地聚合物的结合建和结构也起着积极作用,尚未得到解释和证明。

固化作用被认为是物理和化学交互作用。阳离子通过 Al－O 或 Si－O 键合于地聚合物结构中或出现在空穴中来保持电价平衡。如果条件允许扩散过程进行,一个物理封装的阳离子将会被另外一个阳离子取代。无定形半结晶三维铝硅结构单体有(Si－O－Al－O-),(Si－O－Al－O-Si－O-) 和(Si－O－Al－O-Si－O-Si－O-)。在 1994 年,J. Davidovits 将地聚合材料终产物的三种不同的重复结构进行了分类[83],见图 1－2。

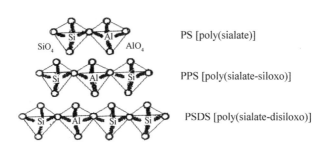

图 1－2 1994 年地聚合物结构分类图

地聚合物结构单元通过侧链上不饱和氧与其他硅、铝四面体结合,架构向三维方向伸展,具有一定的结构形态[84]。地聚合物的理论结构示意图见图 1－3。地聚合物结构与沸石的结构非常相似,其形成方式也与沸石相近。鉴于初始反应先驱物的不同,沸石的形成与地聚合物的合成也存在不

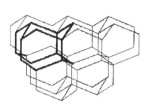

K - PS〔K - Poly(sialate)〕

(Ca,K)- PSS〔(Ca,K)- Poly(sialate-siloxo)〕

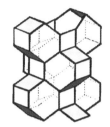

(Na,K)- PSS〔(Na,K)- Poly(sialate-siloxo)〕

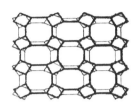

K - PSDS〔K - Poly(sialate-disiloxo)〕

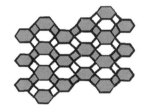

K - PSS〔K - Poly(sialate-silioxo)〕

Na - PS〔Na - Poly(sialate)〕

图 1 - 3 地聚合物的理论三维结构示意图

同之处。沸石通常是在闭路的水热体系中形成,但是地聚合物并不是这样。

地聚合物是无定形半结晶态而沸石通常在自然界中是结晶态。当地聚合反应的先驱相与碱溶液混合,玻璃体成分迅速溶解,在这样的情况下,凝胶没有足够的时间和空间来形成结晶良好的结构而是形成微晶的、无定形或半无定形的结构[85,86](图 1 - 4)。铝源与氢氧化钙通过火山灰反应生成了化学活性较弱的水化硅酸钙和硅铝酸钙凝胶。而沸石通常在稀水溶液中结晶,先驱物相有足够的活性,也有充裕的时间在适宜的定向上进行排列,然后形成晶体结构。

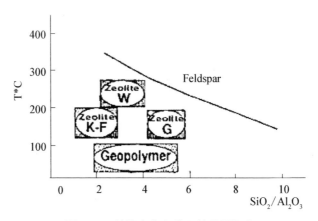

图 1 - 4　地聚合物和沸石的结晶温度

1.2.2.3　粉煤灰基地聚合物的研究进展

早在 1985 年,Höller and Wirshing 用粉煤灰合成出沸石结构,他们强调粉煤灰与天然火山灰的相似性,是天然沸石的前身[87]。此后,很长时间内,粉煤灰地聚合物的研究都没有突破性进展,一直停留在采用不同的粉煤灰在不同的水热条件在实验室合成不同类型的类沸石上(表 1 - 2)。

表 1 - 2　由粉煤灰合成的类沸石

Zeolites types	Si：Al
Na-based zeolites	
Hydrosodalite	1：1
Hydro-cancrinite	1：1
Zeolite A	1：1
Na - P1	1：1
Phillipsite	2：1
Analcime	2：1
Herschelite	2：1
Chabazite	2：1

Zeolites types	Si ： Al
K-based zeolites	
Kalsilite	1 ： 1
Zeolite K	1 ： 1
Zeolite F	1 ： 1

1997 年,Silverstrim 等和 Jaarsveld 等研制了一种粉煤灰基地聚合物[88],并申请了美国专利"Fly ash cementitious material and method of making a product"(表 1 - 1)。自此,地聚合物的研究从偏高岭土基地聚合物、矿渣基地聚合物,发展到了粉煤灰基地聚合物阶段,为地聚合物的研究开辟了一个新的领域。1998—1999 年,Van Jaarsveld 和 Van Deventer 以及 Jaarsveld 等用地聚合材料成功地固化了一些重金属,更加吸引了更多的学者朝着研制粉煤灰地聚合物的方向进行研究。2005 年,Palomo 等以 F 级 FFA 为地聚合物先驱物,提出了一个粉煤灰基地聚合物形成的描述性模型[89]。粉煤灰地聚合物的研究在纵向上朝着机理探讨的方向深入;在横向上开始在无机废弃物方向扩展。

1.2.3 地聚合物固封键合重金属的研究现状

固封是指固化/稳定材料对重金属的包裹和封装的作用,这种物理作用使得重金属被束缚在固化/稳定体系内;键合是指固化/稳定材料可以与重金属发生化学反应,形成更稳定的化学物质,以化学键的形式将重金属键合在固化/稳定体系,这种化学作用也使得重金属不能再次进入环境而对环境造成二次污染;固化/稳定材料对重金属的安全处置是物理固封和化学键合共同作用的结果。

地聚合物具有优良的耐酸碱腐蚀性和较低的渗透率,在固封键合危险废弃物方面表现出非常优异的性能。地聚合物在有机溶液、碱性溶液和盐水中很稳定。在浓硫酸中较稳定，在浓盐酸中稳定性较差。在 5％硫酸溶液中的分解率只有硅酸盐水泥的 1/13，在 5％盐酸溶液中的分解率只有硅酸盐水泥的 1/12[90]。由于地聚合材料制备时都要加入大量活性的铝硅酸盐细粉，地聚合物形成后能够吸纳大量的碱金属离子，这种吸纳过程只要活性成分还没有被耗尽就可以不断地进行下去，在很大程度上弱化了碱-骨料反应，与波特兰水泥相比，地聚合物不存在碱骨料反应的问题，耐久性能良好。而且地聚合物气孔率低，抗侵蚀性好并有强大的粘合与密封功能，其物理固封和化学键合作用使得地聚合物在阻止重金属溶出方面具有非常优异的性能，可用于固封键合重金属废弃物。

早在 1988 年的地聚合物国际会议上，Comrie 等就提出了用地聚合物固封重金属的耐久性研究，在随后 10 年时间内，地聚合物固封重金属成为研究热点[91]，主要研究机构集中在欧洲，法国教授 J. Davidovits 及其研究小组成功将地聚合物固化重金属应用于实际工程。澳大利亚 J. S. J. Van Deventer 教授的研究小组也相继开展了地聚合物的研制。由于粉煤灰排放量日益增加以及其良好的物理和化学性能，粉煤灰用作地聚合物的原材料亦倍受关注，1999 年，Van Jaarsveld 等对粉煤灰地聚合物固封铅和铜进行了详细的试验研究[92]。2003 年，A. Palomo 和 A. Palacios 研究对比了用粉煤灰地聚合物或水泥固封铬、铅和硼的效果[93-94]。粉煤灰基地聚合物固化重金属的研究已成为研究的热点。

我国在地聚合物固化重金属方面的研究较晚，2007 年，张云升等发表了矿渣微粉基地聚合物的合成及其固化重金属行为的研究，研究结果表明，重金属离子的掺量在 0.1％～0.3％范围内时，矿渣微粉地聚合物固封 Cu^{2+} 和 Pb^{2+} 的效率可达 98.5％以上[95]。2008 年，张建国等与 J. S. J. Van Deventer 教授合作完成了地聚合物固化铬、铅和镉的研究，结果显示，地聚合物固化重金属的效果与重金属本身的性能直接相关，由于铅与地聚合物的化学键合，因此，地聚合物对铅表现出非常好的固化效果，而对铬的固化效果则不理想,镉在高 pH 值下固化效果比低 pH 值下明显[96]。

1.3　现存问题

1. 固体废弃物处置利用的瓶颈亟须突破

固体废弃物处置的传统做法是对废弃物实行无害化处置,传统的焚烧、填埋处理不符合发展循环经济和建设节约型社会的可持续发展战略,固体废弃物处置利用的瓶颈亟须突破。从源头上控制各类固体废弃物,然后采取针对性的安全处置和资源化利用方法,生产节能利废型胶凝材料,实现固体废弃物的零排放、零增长,是攻克固体废弃物处置利用瓶颈的有效途径,也是实现固体废弃物最终处置的根本方法。

2. 地聚合物先驱物单一

理论上,任何火山灰化合物或含硅铝原材料都可以作为地聚合反应的先驱物质,其硅相和铝相在碱溶液中解聚溶出,然后再聚合生成地聚合物,这对工业废弃物的资源化利用具有极大的吸引力。然而地聚合物的研究,在先驱物的选择上却较为单一。地聚合物的研究经历了古代现代混凝土的比较,消耗自然资源高岭土的偏高岭土基地聚合物研究,到利用工业废弃物制备地聚合物的阶段,如用矿渣微粉和粉煤灰研制地聚合物。粉煤灰基地聚合物的研究通常是基于资源化利用 FFA 而制备的,而资源化利用 CFA 研制地聚合物的研究尚未开展。地聚合物先驱物单一,这限制了利用地聚合技术共处置多种废弃物的发展。

3. 地聚合物机理研究缺乏

地聚合物研究史的 30 年,在地聚合物生成产物上的研究较多,而对地聚合反应过程和反应机理的研究较少,直到 2005 年,Palomo 等才提出了粉煤灰基地聚合反应的一个"描述性"模型,地聚合反应缺少深入性研究,其中许多问题,如钙在地聚合反应中所起的确切作用仍不清楚[14-18]。这限制了很多含钙工业废弃物在地聚合物中的资源化利用。

4. 地聚合物固封键合重金属的理论研究尚需深入

地聚合物研究的带头人 J. S. J. Van Deventer 教授曾指出地聚合物固封键合重金属的效果与重金属本身的性能直接相关,然而利用地聚合物固封键合重金属尚局限于含铜、铅等较为简单的重金属废弃物,而对含较复杂的铬、汞等变价重金属废弃物的研究则较少。而且相关研究较多地集中在地聚合物"固封"重金属的物理机制上而缺乏对地聚合物"键合"重金属离子的化学机制的深入研究。

1.4 研究设想

协同处理是指在工业生产过程(如水泥、石灰或钢的生产过程、电站或其他大型的燃烧工厂的生产过程)中使用废弃物,水泥基材料生产协同处理各种固体废弃物是当今世界的发展趋势,也是水泥基材料可持续发展的重要途径。本书拟用 CFA、FGDW 和 SL 代替用于生产地聚合物的常用原材料高岭土这一自然资源,率先在制备地聚合物的过程中协同处理这三种工业固体废弃物,来研制 CFA 基地聚合物(CFA - Based Geopolymer,CFABG),包括 CFA 一元地聚合物、CFA - FGDW 二元地聚合物和 CFA - SL 二元地聚合物。本文定义的"一元"和"二元"系用以制备 CFA 基地聚合物的主要原材料(高钙粉煤灰、脱硫灰渣和污泥)的种类,不包括复合化学外加剂和其他组分,下文不再另行说明。并以"以废治废"为指导思想,优选研制的地聚合物固封键合重金属废弃物。

CFA 是一种以 Al_2O_3 和 SiO_2 活性硅铝相为主要成分、以 CaO 为次要成分的工业副产物;FGDW 可以看作一种硫酸盐;SL 的主要化学成分为

SiO_2、Al_2O_3、Fe_2O_3 和 CaO。CFA、FGDW 和 SL 同为含钙废弃物,含钙废弃物的安全处置和资源化利用的研究对工业废弃物的资源化利用具有重要意义。由此,本书开创性地提出以下研究方向和设想:① 是否可以以 CFA 作为硅铝源原材料制备地聚合物? ② FGDW 是否可以作为硫酸盐矿物外加剂在地聚合反应中起到积极的作用? ③ SL 中的无机成分是否可以作为矿物外加剂参与地聚合反应? ④ CFABG 是否可以用作固化/稳定材料安全有效地固封键合重金属废弃物? 本书拟创新性地以 CFA 为硅铝源原材料,以 FGDW 和 SL 为矿物外加剂,研究采用适当的化学外加剂激发,在地聚合物的制备过程中,协同处理三种工业固体废弃物,研究制备 CFABG,达到废弃物协同处理和共处置的目标,并将其资源化利用作为固化/稳定材料固封键合重金属。

1.5 研究目标与意义

1.5.1 立论依据

地聚合反应是硅铝酸盐矿物在地质化学作用下而发生的矿物聚合反应。任何火山灰化合物或硅铝源都可以作为地聚合反应的先驱物在碱溶液中解聚溶出,然后再聚合生成地聚合物。因此,地聚合物对大量工业废弃物的最终处置和资源化利用极具吸引力。

CFA 的大量排放和重金属废弃物的难以处置是当前环境治理和节能减排的巨大障碍。本书将以趋利避害、协同处理和以废治废为指导思想,拟用 CFA 为硅铝源原材料,以含钙废弃物 FGDW 和 SL 为矿物外加剂,以钠水玻璃和氢氧化钠为化学外加剂,研制 CFABG,并发挥其无机聚合结构在固化重金属方面的优势用以固封键合重金属。利用含钙的硅铝质原材料制备地聚合物的研究对地聚合物原材料的扩展具有十分积极的意义。

C. K. Yip 和 J. S. J. Van Deventer[97]曾明确提出,相对古代混凝土而言,现代混凝土耐久性的不良是由于现代胶凝材料体系不是一个同时含有水化硅酸钙和地聚合物凝胶的产物体系。因此,研究和阐明隐藏在古代混凝土高耐久性背后的化学机制,从本质上探索可同时形成水化硅酸钙和地聚合物凝胶的体系,对现代水泥基材料和重金属固化材料的发展具有重要的意义和深远的影响。

地聚合物可以对重金属进行物理固封和化学键合,而且物理/化学吸附也起着一定的作用,这样,工业固体废物制成地聚合物以后,其中的重金属元素或化合物即被固封键合于材料内部。由于此类材料的耐酸碱侵蚀和耐气候变化的性能优良,因而不会对周围环境造成新的污染。这也为CFABG固封键合重金属废弃物提供了理论依据。

CFABG 不仅可以有效地处置工业废弃物,减少环境污染,而且有望在一个单一的胶凝体系中同时形成地聚合物凝胶和水化硅酸钙凝胶,用这一新型胶凝体系固封键合重金属废弃物,改变传统的危险废弃物的填埋处置方式,实现以废治废并资源化利用,是一条符合节能减排,且适合我国国情的可持续发展途径。

可持续发展是指导我国乃至整个世界今后发展的重大战略思想。发展循环经济、节能减排是全社会的奋斗目标。本研究提出的研制 CFABG并用其固封键合重金属的研究设想,对节能减排和保护环境具有十分重要的理论意义和经济、社会、环境效益。

1.5.2 研究内容

1. CFABG 的研究

(1) CFABG 的制备

研究 CFABG 的适宜合成方式。研究确定化学外加剂种类、掺量以及掺入方式、养护制度等对 CFABG 性能的影响;研究 FGDW 和 SL 对

CFABG 的影响;确定科学、合理的制备条件、制备技术、性能指标及最佳配合比。

（2）先驱物溶出聚合机理和地聚合物性能研究

定量研究合成地聚合物的先驱物的化学组成与地聚合反应及其反应产物的关系,包括 CaO 含量,SiO_2/Al_2O_3,M_2O/SiO_2 等摩尔比对地聚合反应进程和反应产物的影响;研究在化学外加剂和矿物外加剂单一激发和双重激发下,先驱物中硅铝相的溶出聚合机理及钙在其中的作用;研究在化学激发、地聚合反应和水化反应多重作用下钙、硅和铝之间的相互作用;综合研究先驱物硅铝相溶出聚合机理、钙在其中的作用和 CFABG 的性能、形态与结构特征。

2. CFABG 固封键合重金属机理研究

（1）研究重金属对 CFABG 的影响。测试固封键合重金属前后,CFABG 的性能、形态与结构的依时变化规律,从化学、物理化学原理阐述重金属对 CFABG 的影响;

（2）研究 CFABG 中重金属的浸出行为、重金属离子在地聚合物固封键合体系内部和固—液界面上的受阻、扩散和迁移机制;CFABG 固封键合重金属的作用效果和长期安全性。

1.5.3 技术路线

本研究拟以 CFA 作为硅铝源原材料,以 FGDW 和 SL 为矿物外加剂,以钠水玻璃和氢氧化钠为化学外加剂,研制 CFABG,并研究其固封键合重金属的可行性。

拟研制的 CFABG 包括三类:CFA 一元地聚合物、CFA - FGDW 二元地聚合物和 CFA - SL 二元地聚合物。以力学性能为指标研究了 CFABG 的制备条件和技术、性能指标和最佳配合比;采用 X 射线衍射（XRD）、傅立叶红外变换光谱（FT - IR）、扫描电镜- X 射线能谱仪（SEM - EDXA）和电感耦合等离子体发射光谱仪（ICP－AES）等测试方法研究了硅铝相溶出聚合机理和钙质组分对地聚合反应的影响、CFABG 的性能、织构与形貌；同时用重金属毒性浸出试验和重金属动态浸出试验，研究了重金属对 CFABG 的影响和重金属在 CFABG 中的浸出行为和迁移机制，以及 CFABG 固封键合重金属的效果和长期安全性。其技术路线见图 1－5 所示。

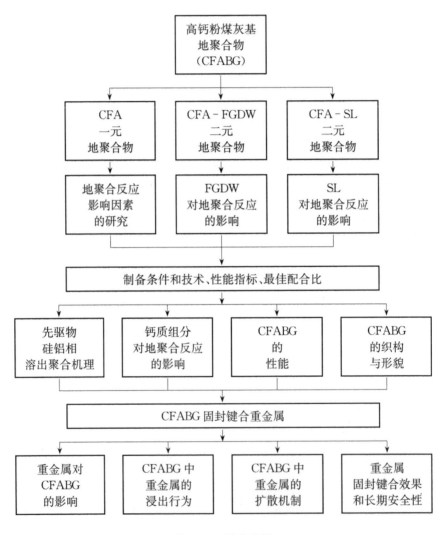

图 1－5　技术路线

1.5.4 研究意义

硅酸盐水泥原材料的紧缺已是全球必须面对的十分紧迫的实际问题，在 21 世纪中叶就将耗尽，但国家经济建设和危险废弃物处置迫切需要水泥基材料，因此必须开发新型胶凝材料取代水泥。地聚合材料是最近 30 多年国际上水泥制造技术发展的一个方向，被公认为是 21 世纪最有前景的发展方向。地聚合物的制备不需要硅酸盐水泥那样高的温度，能耗远低于硅酸盐水泥，生产过程中也不会排放那么多的有害气体和粉尘，排放的二氧化碳量仅为生产硅酸盐水泥的五分之一，是一种低成本的环境友好材料和可持续发展的胶凝材料。

研制 CFABG，包括 CFA 一元地聚合物、CFA - FGDW 二元地聚合物和 CFA - SL 二元地聚合物，创新性地将地聚合物先驱物由消耗自然资源的高岭石扩展到目前排放量巨大的含钙固体工业废弃物 CFA、FGDW 和 SL，在地聚合物的研制中协同处理这些工业废弃物，这在地聚合物研究中是一个富有挑战性和创新性的全新的研究领域；研究 CFA 硅铝相溶出聚合机理和钙质组分的作用机制及 FGDW 和 SL 中的硫酸钙和氧化钙对地聚合反应的影响，将深化地聚合物的理论研究；用研制的 CFABG 固封键合重金属铅和较复杂的铬、汞等变价重金属，定量研究这些重金属在地聚合物中的浸出行为和迁移机制，将会扩展地聚合物固封键合重金属的数据库。

在地聚合物研制的过程中协同处理工业固体废弃物，并以废治废，用其固封键合重金属，在协同处理大量工业废弃物的同时共处置含重金属的废弃物，实践循环经济，对节能减排和保护环境具有十分重要的理论意义和经济、社会及环境效益。

第**2**章

试 验

2.1 引 言

随着现代科学技术的日新月异和工业化进程的迅猛加速,人类涉足的领域在不断扩大,人们在创造社会财富的同时,也产生了大量的工业废弃物以及有毒有害的危险废弃物,它们不断地破坏人类赖以生存的环境空间,威胁人类的生存。节能减排是建设资源节约型和环境友好型社会的必然选择。大力发展循环经济,控制和减少污染物排放,促进工业固体废弃物的减量化与资源化利用,是实现经济、社会和环境的协调发展的有效手段。从源头上控制各类固体废弃物,然后采取针对性的安全处置和资源化利用方法,生产节能利废型胶凝材料,实现固体废弃物的零排放和零增长,是实现固体废弃物最终处置的根本方法。因此,加强资源化利用的研究,充分利用废弃物中的资源和能源,才能攻克固体废弃物的处置利用瓶颈。

地聚合物技术在固体废弃物资源化利用方面具有潜在优势。用于制备和合成地聚合物的原材料,包括先驱物和外加剂。目前,国内外主要以各种富含硅和铝的原材料作为先驱物,并加入矿物外加剂和化学外加剂,来制备各种地聚合物。富含硅和铝的原材料[1,2]（如偏高岭土和粉煤灰）是制备地聚合物所需的主要原材料，矿物外加剂[3]（如矿渣微粉）为制备地聚合物的辅助原材料，而化学外加剂[4]（如钠水玻璃、钾水玻璃、氢氧化钠和氢氧化钾等）为地聚合反应提供了必要的碱性环境和反应条件。本文选用 CFA、FGDW 和 SL 代替用于生产地聚合物的原材料高岭土等自然资源，拟在制备地聚合物的过程中协同处理这三种工业固体废弃物，来研制 CFABG，并以废治废，用所研制的 CFABG 固封键合重金属废弃物。

原材料在地聚合物的制备中发挥着至关重要的作用，地聚合物的性能与原材料的选用密切相关。采用正确的试验方法和选用适当的试验仪器与设备是实现试验目标的重要保障。

2.2 试验用原材料

1. 高钙粉煤灰(CFA)和低钙粉煤灰(FFA)

本书所用 CFA 由美国俄亥俄州阿克伦城第一能源公司提供，它是俄勒冈海湾电厂燃烧 Powder River Basin 煤田的煤粉而产生，其化学组成 $SiO_2 + Al_2O_3 + Fe_2O_3$ 为 62%（>50% 且 <70%），CaO 含量为 20%（>10%），按照美国 ASTM-C618 标准（粉煤灰、烧结或天然火山灰作为混凝土矿物掺合料的标准）和我国《用于水泥和混凝土中的粉煤灰》（GB/T 1596—2005）标准，此粉煤灰属于 CFA；而 FFA 用来做对比试样，它由美国密歇根州贝城源头能源公司提供，其化学组成 $SiO_2 + Al_2O_3 + Fe_2O_3$ 为 88%（>70%），CaO 含量为 3.0%（<10%），按照美国 ASTM-C618 标准和我国（GB/T 1596—2005）标准，该粉煤灰属于 FFA。两种粉煤灰化学成分见表 2-1。

表 2-1 试验用粉煤灰的化学组成

化学成份	SiO$_2$	Al$_2$O$_3$	Fe$_2$O$_3$	MgO	CaO	SO$_3$	K$_2$O	Na$_2$O	L. O. I.	Total
CFA	38%	19%	9.0%	5.0%	20%	3.0%	0.4%	1.0%	3.5%	98.9%
FFA	46%	24%	18%	0.7%	3.0%	0.6%	1.0%	0.4%	2.0%	95.7%

2. 脱硫灰渣（FGDW）

试验用 FGDW 为强制氧化湿法烟气脱硫工艺而产生的废弃物,取自美国俄亥俄州辛辛那提能源有限公司（Cinergy Corporation,OH）,其化学组成见表 2-2。

表 2-2 试验用 FGDW 的化学组成

化学成份	Al$_2$O$_3$	Fe$_2$O$_3$	MgO	CaO	SO$_3$	K$_2$O	Na$_2$O	L. O. I.	Total
FGDW	0.04%	0.03%	0.04%	40.1%	54.7%	0.01%	0.01%	2.11%	97.0%

3. 污泥（SL）

研究分别采集了美国俄亥俄州的三个饮用水处理厂的 SL 废弃物数据。♯1SL 取自美国俄亥俄州 Wooster 水处理厂,♯2SL 取自 Lima 水处理厂,♯3SL 选自 Sidney 水处理厂。其水处理工艺相似,首先经过一级处理,即通过机械处理,如格栅、沉淀或气浮,去除污水中所含的棍棒、树叶、石块、砂石、脂肪、油脂以及其他残核等;进入二级处理后,水源经活性碳吸附、氯或二氧化氯来除去异味和改善水的味觉,并添加石灰 80% ~ 90%、苏打 98% 以及硫铝酸盐作为絮凝剂以澄清和软化水体,与此同时形成的 SL 含水率大于 80%,经浓缩后送至干化池,经干化后外运处置,经野外堆放自然脱水,脱水后其含水率约为 35% ~ 37%。

从表 2-3 可以看出,三种 SL 的化学组成相近,因此,试验只选用

#3 SL,进一步风干,粉磨并过 2 mm 筛备用。

表 2 - 3　试验用 SL 的化学组成

化学成份	SiO$_2$	Al$_2$O$_3$	Fe$_2$O$_3$	MgO	CaO	K$_2$O	Na$_2$O	L. O. I.	Total
#1 SL	6.89%	0.12%	1.05%	2.83%	48.9%	0.05%	1.1%	37.1%	98.0%
#2 SL	12.4%	1.19%	0.31%	6.53%	42.5%	0.14%	0.3%	35.2%	98.6%
#3 SL	13.2%	2.21%	0.90%	5.63%	40.7%	0.33%	0.27%	36.5%	99.7%

4. 化学外加剂

为激活粉煤灰中的硅铝相,使其溶解出来,为之后的地聚合反应奠定基础,需要在地聚合物先驱物中直接添加强碱、减水剂和缓凝剂等化学外加剂,使得粉煤灰玻璃体中的活性硅铝相可以部分或全部溶解出来,然后发生地聚合反应并朝着更为密实的化合物转化,形成具有适宜流动性浆体,并在适宜的凝结时间下凝结成地聚合物硬化浆体。

用于制备地聚合物的常用化学外加剂为钠水玻璃、钾水玻璃、氢氧化钠、氢氧化钾、硫酸钠、硫酸钾、碳酸钠、碳酸钾或少量的水泥熟料等。钠水玻璃是一个已应用了一个多世纪的商业产品,广泛用于特种水泥、被覆、模具制品和催化剂等行业,有时硅灰也可以代替钠水玻璃,成为反应溶液的一部分。各种化学外加剂促进了铝硅酸盐的凝胶化和沉淀反应,化学外加剂与固体原材料接触得越多,硅酸盐和铝酸盐单体就释放出得越多。液固比低于 50% 的浓度时,单体释放达到饱和。在火山灰反应过程中,碱性阳离子可能与水化产物结合。碱金属氢氧化物的结合量随着混合物中 CaO/SiO$_2$ 摩尔比的降低而增加。添加高效减水剂和调凝剂可以通过改变地聚合物浆体的可塑性能和硬化性能来提高其工作性能,从而得到较高的抗压强度,抗压强度值与硬化浆体的微观结构直接相关,致密的硬化浆体结构是使其获得较高的机械性能的主要原因。

本文选用了钠水玻璃和氢氧化钠作化学外加剂来激发 CFA 以制备 CFABG。

1）钠水玻璃

水玻璃是碱金属硅酸盐的玻璃状熔合物。根据碱金属氧化物的种类不同,主要有钠水玻璃和钾水玻璃。其化学组成可以用通式($R_2O \cdot nSiO_2$)表示,R_2O 是指碱金属氧化物,如 Na_2O 或 K_2O 等,n 指水玻璃的模数。本文用工业水玻璃为钠水玻璃,由美国阿麦仔化学品公司提供。固含量 38.3%、含水 61.7 wt%、氧化硅 29.2 wt%、氧化钠 9.1 wt%,其模数为 $[n(SiO_2)/n(Na_2O)]$ 为 3.3。在 25℃ 下密度为 1.38~1.42 g/cm^3,技术等级为 40~42 泊。

2）氢氧化钠

氢氧化钠购于 Fisher Sentific 公司,为白色颗粒状晶体,纯度 99.2%,含有钙和氯等杂质。

5. 重金属试剂和硫化钠试剂

重金属试剂和硫化钠试剂购于 Fisher Sentific 公司,如表 2-4 所列。

表 2-4　重金属试剂和硫化钠试剂

Chemical reagents	Molecular weight	Heavy metal and its atomic	Reagent grade	Characteristics
HgO	216.5	Hg, 200.5	Chemically pure	Yellow crystal
$Pb(NO_3)_2$	331.21	Pb, 207.2	Analytically pure	White crydtal
CrO_3	99.99	Cr, 52	Chemically pure	Purple crystal
Na_2S	78.04	—	Chemically pure	Yellow crystal

6. 拌合水

拌合水为去离子水。

2.3 试 验 方 法

1. 原材料的本征特性

试验采用人工筛析法和 BET 氮气吸附法测试了原材料的粒径分布和比表面积,其中,人工筛析法为人工筛分并称量粉煤灰通过 180 μm,150 μm,105 μm,75 μm 和 45 μm 筛子后的筛余。试验采用 X 射线荧光分析(XRF)测定原材料的主要化学成分,采用 ICP‐AES 测试其次要元素和痕量元素。试验分别采用 XRD 和 SEM 分析原材料的物相组成和微观形貌。

2. 高钙粉煤灰基地聚合物(CFABG)的研制

1)复合化学外加剂的制备

实验室配制复合化学外加剂,即用氢氧化钠调节钠水玻璃,以获得不同模数 $M=n(SiO_2)/n(Na_2O)$ 的复合化学外加剂,见表 2‐5。

表 2‐5 钠水玻璃和氢氧化钠配制的复合化学外加剂

Mixed chemical admixtures	Mixed ratios		$n(SiO_2)$ /$n(Na_2O)$	$n(H_2O)$ /$n(Na_2O)$	$H_2O/$ %	$Na_2O/$ %
	Sodium silicate,%	Sodium hydroxide,%				
Admixture 1	78.6	21.4	1.0	7.04	48.0	23.7
Admixture 2	87.6	12.4	1.5	10.6	54.0	17.6
Admixture 3	92.9	7.1	2.0	14.1	57.0	14.0

2)硅铝相溶出聚合机理和钙质组分的作用机制

将 CFA 与 5 mol/L 氢氧化钠溶液混合,氢氧化钠碱溶液体积 V/CFA 质量 $m=4:1$,悬浮液分别在 23℃ 和 75℃ 培养箱中以 250 r/min 的速度振荡 1 h 和 24 h,然后将悬浮液离心分离,通过 0.2 μm 滤纸过滤,并用 10%

HCl 稀释,最后用 ICP－AES 测定滤液中硅、铝和钙的浓度。并采用 SEM 等测试手段,研究硅铝相溶出聚合机理和钙质组分的作用机制。

3) CFABG 的力学性能

CFA 一元地聚合物,其复合化学外加剂模数分别为 1.0,1.5 和 2.0,复合化学外加剂的掺量以引入 Na_2O 当量/CFA 质量＝5～15 wt％。试样分别在设定条件下养护:一组置于烘箱中,分别在 60℃,70℃,75℃,80℃ 和 90℃养护 4 h,8 h 和 24 h;另一组置于室温 23℃下养护至 3 d,7 d 和 28 d。CFA－FGDW 二元地聚合物和 CFA－SL 二元地聚合物,优选的复合化学外加剂其模数为 1.5,掺量为 Na_2O 当量/(CFA 的质量＋FGDW 或 SL 的质量)＝10 wt％。试样一组在 75℃养护 4 h,8 h 和 24 h;另一组置于室温 23℃下养护 3 d、7 d 和 28 d。

各试样的水灰比为 0.4,其中,水包括由复合化学外加剂引入的水和外加的去离子水。试验在室温约 23℃下混合,新拌净浆成型于 20 mm× 20 mm×20 mm 的立方体试模中,并用塑料薄膜覆盖密封,测试设定龄期各试样的抗压强度,每个抗压强度值为 4 个试块的平均值。

4) CFABG 的织构与形貌

试样在 75℃养护 8 h 后移至室温 23℃下继续养护至 28 d,用 XRD, SEM－EDXA 和 FT－IR,研究 CFABG 的织构与形貌。

3. 重金属对高钙粉煤灰地聚合物(CFABG)性能的影响

优选研制的 CFABG 研究重金属对其性能的影响。分别以硝酸铅的形式掺入 2.5％Pb(II)、以氧化铬的形式掺入 2.5％Cr(VI)和以氧化汞的形式掺入 1.0％Hg(II),并加入足量的硫化钠,以增强 CFABG 对重金属的固化效果。试样在 75℃养护 8 h 后移至室温 23℃下继续养护至 28 d,研究重金属对 CFABG 抗压强度和织构与形貌的影响。

4. 高钙粉煤灰基地聚合物(CFABG)固封键合重金属的研究

优选研制的 CFABG 固封键合重金属。分别以硝酸铅的形式掺入

0.025％Pb(II)、以氧化铬的形式掺入 0.025％Cr(VI)和以氧化汞的形式掺入 0.01％Hg(II)，并加入足量的硫化钠，以增强 CFABG 对重金属的固化效果。研究重金属在 CFABG 中的浸出行为、迁移机制和长期安全性。重金属铅和铬的浓度均用 ICP-AES 测试；对含汞试样，用 40％的氯化亚锡溶液(40 g SnCl₂·2H₂O 溶于 40 mL HCl 稀释至 100 mL)作还原剂，并用冷原子吸收与荧光测汞仪测定滤液中汞的含量。

1) 重金属的静态浸出行为

按照美国毒性浸出试验(TCLP)进行重金属静态浸出试验[5-12]。物料在室温约 23℃下加水充分搅拌后，注入 20 mm×20 mm×20 mm 的立方体试模中，振动至没有气泡为止，用塑料薄膜覆盖密封。试样在 75℃养护 8 h 后置于室温下继续养护至 28 d。取 28 d 的试样，粉碎，过 2 mm 筛；以 0.1 mol/L 且 pH 为 2.88 的醋酸溶液为浸出液；固体试样质量：醋酸溶液体积＝1∶20，即 10 g 固体试样加入 200 mL 醋酸溶液，倒入体积为 2 L 的聚乙烯瓶中，以 30 r/min 的速率转动 18 h，静置 8 h；离心机固液分离，用 0.2 mm 滤纸过滤，测试浸出液中重金属的含量。

2) 重金属的动态浸出行为

参照欧盟槽浸出试验(ANSI/ANS-16.1-2003)进行重金属动态浸出试验[13]。物料在室温约 23℃下加水充分搅拌后，注入尺寸为 Φ70 mm×5 mm 的金属模具中，振动至没有气泡为止，用塑料薄膜覆盖密封。试样在 75℃养护 8 h 后置于室温下继续养护至 28 d。薄片试样的上下表面用石蜡密封，重金属从径向浸出，薄片试样浸没 20 倍于试样体积的去离子水中，并在 5 h，24 h，72 h，168 h 和 384 h 后更换浸出液。测试设定龄期浸出液中重金属的动态浸出浓度和重金属的累积浸出浓度。

3) 重金属的迁移机制研究

在重金属动态浸出试验中，每次浸出液更新前取出 1 件薄片试样，去除密封材料后在 60℃的真空干燥炉内烘干 24 h。试样烘干后，分别取半径

0～5 mm 和 30～35 mm 之间的部分磨细,经微波消化后测试重金属含量,研究重金属从固化体内部到浸出液的迁移机制。

4) 重金属的长期安全性研究

参照欧盟槽浸出试验标准(ANSI/ANS‐16.1‐2003),通过重金属动态浸出试验获得的重金属固封键合的短期效果,计算其有效扩散系数,以预估和评价重金属在 CFABG 中的长期安全性。

2.4　试验用仪器与设备

本文所采用的主要仪器与设备如下[14,15]。

(1) 比表面积测定仪。试验用比表面积测定仪为 Micromeritics Flowsorb II 2300 氮气吸附 BET(Brunauer‐Emmett‐Teller)法比表面积测定仪。

(2) 热重/差热分析(TG/DSC)。试验用仪器为日本精工(Seiko)仪器公司生产的热重/差热 TG/DTA200 同步分析仪。载气为 200.00 mL/mim 的氮气,加热起始范围为 30℃～1 000℃,速率为 20℃/min。

(3) 抗压强度测试仪。抗压强度采用 Instron 5567 电液伺服控制试验机测定,测试程序符合 ASTM C109—92(Standard Test Method for Compressive Strength of Hydraulic Cement Mortars)的规定。

(4) XRD。采用北美飞利浦电子仪器有限公司制造的 X 射线衍射仪。该仪器装有 XRG 3100 X 射线发生器,铜靶作阳极材料。所有试样经在研钵中研磨至平均粒径在 5 μm 左右,将粉末试样压入试样凹槽内进行测试。试样采用步进扫描,工作制度为,步进间隔 2θ 为 0.05^0,计数时间为 4 s。试验数据经材料数据库的 Jade version 3.1 分析处理。

(5) SEM‐EDXA。由美国俄亥俄州立大学分子与细胞成像中心显微镜实验室提供,为日本日立(Hitachi)科学仪器公司生产的型号为 Hitachi S-3500N 扫描电镜,分辨率为 3.0 nm,放大倍数为 20~20 000 倍,加速电压 20 keV。扫描电镜与美国 Thermo Noran 公司生产的 Noran X 射线能谱分析仪联用,用以测定元素组成。试样装在圆柱状有双面碳衬层的 Al 质试样垫上,并用美国 Anatech Ltd 生产的 Hummer 6.2 Sputter Coater 喷射装置喷镀 5 nm 厚的铂导电薄膜。

(6) FT-IR。试验采用 Perkin Elmer FT-IR microscope 傅立叶变换红外光谱仪。采用压片法制样,试样粒径为小于 80 μm 的粉末。取干燥后的试样 1~2 mg 分别与干燥的 KBr 粉末(应在 400~4 000 cm^{-1} 区域无吸收峰的高纯度 KBr,试验所用 KBr 为 Sigma-Aldrich 生产的溴化钾,FT-IR 级,纯度 99%。)200 mg 放在研钵中,研磨 2~5 min 混合均匀后,再转移至压片模具中,在低真空 1 000 MPa 左右的压力下维持 5 min,压成厚度约 1~2 mm 的透明薄片,压好的透明薄片置于试样槽内进行测试。

(7) 低温超速离心机。美国生产的 Beckman Coulter$_{TM}$ Centrifuge 低温超速离心机,运行状态设置为 3 000 rpm,离心 20 min,使其固液分离。

(8) 摇床及专用摇动仪。New Brunswick Scientific 生产的 Innova 4230 摇床和 Toxic Characteristic Leaching Procedure 专用摇动仪。

(9) ICP-AES。由美国俄亥俄农业研究发展中心星级试验室提供,为 Leeman 公司生产的高分辨 Prodigy 电感耦合等离子体发射光谱仪。

(10) 冷原子吸收与荧光测汞仪。由美国俄亥俄农业研究发展中心星级试验室提供,为 QuickTrace M-8000 自动采样冷原子吸收与荧光测汞仪,达到超痕量汞的检测限(50~250 μg/L)要求。氩气载气,20~200 mL/min。

第 *3* 章

高钙粉煤灰(CFA)一元地聚合物

3.1 引 言

目前,资源、能源和环境的要求促使人们利用火山灰材料部分取代硅酸盐水泥。近年来,一种新型胶凝材料地聚合物的研究逐渐增强[1-4],地聚合物已经由利用自然资源高岭土的阶段,向着处置并资源化利用工业废弃物来研制地聚合物的方向发展,加之,地聚合物水泥混凝土优异的耐火性能、耐酸性能和固封键合重金属废弃物的性能,使之具有极为广阔的发展前景[5]。

粉煤灰基地聚合物的研究是近年来利用工业废弃物研制地聚合物的热点方向,目前通常集中于低钙粉煤灰(FFA)地聚合物的研制。随着电力工业的飞速发展和煤炭资源的耗竭,具有高挥发份的褐煤和次烟煤也被用作动力燃料,导致越来越多的 CFA 大量排出,并由于其游离氧化钙含量高而难以在水泥基材料中得到有效利用并堆积形成新的污染源,亟须加以处置利用。相对于 FFA,CFA 中除含有大量的硅铝质成分外,还含有一定的钙质组分。目前,FFA 因其含有相对较纯的硅铝质成分已成为地聚合物合成的常用材料[6-9],近几年,已经有将矿渣作为矿物掺合料用于 FFA 地聚合物的研究,研究表明[10],FFA 和矿渣的混合物适宜于研制地聚合物,从化学成分角度来看,CFA 可以认为是介于 FFA 和矿渣之间的一种工业固体废弃物,而用 CFA 研制地聚合物的研究则还没有文献报道。

CFA 中的钙质组分将给地聚合反应带来怎样的影响? 在较多钙离子存在时,硅氧四面体和铝氧四面体的空间网状结构会产生怎样的变化? 钙离子将与哪些离子电价键合? 在钙离子、钠离子和钾离子等多种离子共存体系中键价何以平衡? 这一系列的问题至今尚未为人所知,CFA 的利用给地聚合物的研究带来了新的亟须攻克的学术难题。而且,除了 CFA 外,许多工业废渣,如矿渣含有约 50% 的氧化钙;钙质污泥(SL)中含有约 40% 的氧化钙;天然火山灰也含有 5%~20% 的氧化钙,因此,利用含钙的硅铝质原材料制备地聚合物的研究对地聚合物原材料的扩展具有十分积极的意义。地聚合物的研究权威人士 C. K. Yip 和 J. S. J. Van Denventer[11] 教授更是明确提出,相对于古代混凝土而言,现代混凝土耐久性的不良是由于现代胶凝材料体系不是一个同时含有水化硅酸钙和地聚合物凝胶的产物体系。而利用 CFA 研制地聚合物不仅可以有效地处置这一废弃物,减少环境污染,而且有望在一个单一的胶凝体系中同时形成地聚合物凝胶和水化硅酸钙凝胶。因此,利用 CFA 研制地聚合材料,研究和阐明隐藏在古代混凝土高耐久性背后的化学机制,从本质上探索可同时形成水化硅酸钙和地聚合物凝胶的体系,对现代水泥基材料和重金属固化材料的发展具有十分重要的意义和深远的影响。

本章拟以 CFA 作为硅铝源原材料,以钠水玻璃和氢氧化钠为复合化学外加剂,研制 CFA 一元地聚合物。本章研究了 CFA 的物理化学性能;对比研究了钠水玻璃和氢氧化钠的复合化学外加剂的模数和掺量,以及养护温度和养护时间对 CFA 一元地聚合物力学性能的影响;研究 CFA 一元地聚合物的织构与形貌等;研究硅铝相的溶出聚合机制和钙质组分对地聚合反应的影响,揭示 CFA 一元地聚合物的反应机理和形成机制。

3.2 粉煤灰的本征特性

3.2.1 粉煤灰的粒径分布和比表面积

筛析法测定的粉煤灰粒径分布见表 3-1。

表 3-1 CFA 和 FFA 的粒径分布(筛析法)

ASTM Screen and its apeture/μm	Residue on sieve/wt%	
	CFA	FFA
180	0.88	0.88
150	0.44	0.32
105	0.96	0.80
75	1.32	0.92
45	2.88	2.36
<45	91.16	92.75

粉煤灰粒径分布和比表面积是影响粉煤灰活性的重要物理指标[12]。从表 3-1 可以看出,试验用两种粉煤灰均有大于 90% 的粉煤灰颗粒粒径小于 45 μm,CFA 与 FFA 的粒径分布相近。用 BET 氮气吸附法测得的 CFA 的比表面积为 568 m^2/kg,FFA 的比表面积为 1 086 m^2/kg,FFA 的比表面积大于 CFA 的比表面积。

3.2.2 粉煤灰的化学组成

本文第 2 章已给出粉煤灰的主要化学成分,见表 2-1。CFA 的主要元素(>10 g/kg)按其含量从高到低依次为 Si,Ca,Al,Fe,Mg,S 和 Na。本节对比研究了两种粉煤灰的次要元素和痕量元素,见表 3-2 和表 3-3 所列。

CFA 的次要元素(1～10 g/kg)为 Ba,Li,P,Sr 和 K;微量元素(<1 g/kg)
有 B,V,Zn,Mn,Cu,Cr,Ni,Co,As,Sb,Pb,Se,Mo,Cd 和 Be。

表 3－2　CFA 的次要元素和微量元素组成

Element	Content	Element	Content	Element	Content
Ba，g/kg	4.58	Zn，mg/kg	175	Sb，mg/kg	24.1
Li，g/kg	4.56	Mn，mg/kg	135	Pb，mg/kg	19.8
P，g/kg	2.78	Cu，mg/kg	113	Se，mg/kg	19.2
Sr，g/kg	2.53	Cr，mg/kg	84.9	Mo，mg/kg	12.8
K，g/kg	2.01	Ni，mg/kg	70.0	Cd，mg/kg	2.90
B，mg/kg	576	Co，mg/kg	30.0	Be，mg/kg	0.11
V，mg/kg	259	As，mg/kg	27.2	—	—

表 3－3　FFA 的次要元素和痕量元素组成

Element	Content	Element	Content	Element	Content
S，g/kg	7.65	V，mg/kg	151	Pb，mg/kg	12.2
K，g/kg	1.47	Mn，mg/kg	95.9	Mo，mg/kg	11.7
P，g/kg	1.07	As，mg/kg	74.7	Sb，mg/kg	8.20
Na，mg/kg	891	Cr，mg/kg	71.0	Cu，mg/kg	5.72
Ba，mg/kg	761	Zn，mg/kg	63.6	Se，mg/kg	2.90
Li，mg/kg	699	Ni，mg/kg	33.1	Cd，mg/kg	2.30
Sr，mg/kg	619	Co，mg/kg	13.8	Be，mg/kg	0.11
B，mg/kg	315				

3.2.3　粉煤灰的物相组成和形貌特征

从图 3－1 和图 3－2 可以看出,两种粉煤灰都是由细小的玻璃质球状颗粒,CFA 颗粒之间有轻微的团聚现象,CFA 结晶相主要是多铝红柱石、石英、硬石膏和游离氧化钙。

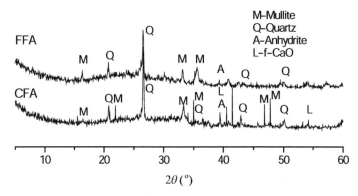

图 3-1　CFA 和 FFA 的 XRD 衍射图

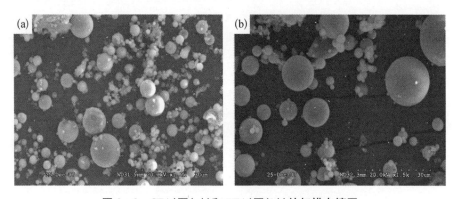

图 3-2　CFA(图(a))和 FFA(图(b))的扫描电镜图

3.3　CFA 一元地聚合物的力学性能

本节研究复合化学外加剂的适宜模数和掺量、养护温度和养护时间对 CFA 一元地聚合物力学性能的影响。试验配合比见表 3-4。

表 3-4 CFA 一元地聚合物的配合比

Samples[a]	CFA/g	The mixed chemical admixture		Water/CFA[b]
		Modulus, $M=n(SiO_2)/n(Na_2O)$	Content, $C=$ Equilvalent Na_2O/CFA, /wt%	
CFA - M1.0 - C6%	350	1.0	6	0.4
CFA - M1.0 - C7%	350	1.0	7	0.4
CFA - M1.0 - C8%	350	1.0	8	0.4
CFA - M1.0 - C9%	350	1.0	9	0.4
CFA - M1.0 - C10%	350	1.0	10	0.4
CFA - M1.0 - C15%	350	1.0	15	0.4
CFA - M1.5 - C6%	350	1.5	6	0.4
CFA - M1.5 - C7%	350	1.5	7	0.4
CFA - M1.5 - C8%	350	1.5	8	0.4
CFA - M1.5 - C9%	350	1.5	9	0.4
CFA - M1.5 - C10%	350	1.5	10	0.4
CFA - M1.5 - C15%	350	1.5	15	0.4
CFA - M2.0 - C6%	350	2.0	6	0.4
CFA - M2.0 - C7%	350	2.0	7	0.4
CFA - M2.0 - C8%	350	2.0	8	0.4
CFA - M2.0 - C9%	350	2.0	9	0.4
CFA - M2.0 - C10%	350	2.0	10	0.4
CFA - M2.0 - C15%	350	2.0	15	0.4

注：[a]试样，CFA，高钙粉煤灰；M+数字，复合化学外加剂的模数 $n(SiO_2)/n(Na_2O)$ 的比值；C+百分含量，为复合化学外加剂以 Na_2O 当量计在 CFA 中的掺量。[b]水灰比，水灰比采用0.4，其中水包含由复合化学外加剂引入的水和外加的去离子水。

3.3.1 复合化学外加剂模数和掺量的影响

不同模数的复合化学外加剂以不同的掺量激发 CFA，制备的 CFA 基一元地聚合物硬化浆体的抗压强度见图 3-3。从在室温 23℃ 养护 3～28 d 的 CFA 一元地聚合物硬化浆体的抗压强度可以看出：复合化学外加剂的模数 $M=n(SiO_2)/n(Na_2O)$ 在地聚合反应中起着非常重要的作用，其模数为 1.5 时，抗压强度最高，2.0 时次之，1.0 时最低。复合化学外加剂模数不仅是复合化学外加剂的重要参数，同时，它也反映了钠水玻璃和氢氧化钠的混合比例，只有用氢氧化钠将钠水玻璃的模数调节到适宜值时，才能使复合化学外加剂的碱—硅液相产物处于高活性的过渡态，才能对 CFA 起到很好的激活效果。

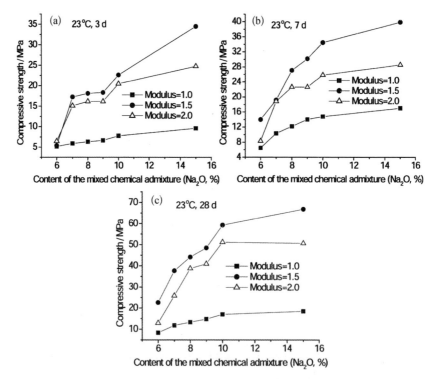

图 3-3　复合化学外加剂的模数和掺量对抗压强度的影响

CFA 一元地聚合物硬化浆体抗压强度随化学外加剂掺量的变化趋势图说明,抗压强度随其引入的 Na_2O 当量的增加而提高,在 Na_2O 当量低于 10% 时,提高较为迅速。这是因为碱浓度在地聚合反应中发挥着至关重要的作用,强碱性环境使得 CFA 中的硅相和铝相溶解出来,这样,粉煤灰的玻璃体部分或全部转化成密实的合成物。随 Na_2O 浓度提高,硅铝相的溶出速率就加快,溶出的硅铝相也随之增加,再聚合而生成的地聚合物其抗压强度就越高。然而,当 Na_2O 当量由 10% 提高为 15% 时,对地聚合物硬化浆体抗压强度的提高较为平缓,甚至个别试样的抗压强度有所降低。

因此,用于制备 CFA 一元地聚合物的复合化学外加剂其适宜的模数为 $M=n(SiO_2)/n(Na_2O)$ 为 1.5,适宜掺量为其引入的 Na_2O 当量/CFA 的质量 $=10$ wt%。

3.3.2　养护温度和养护时间的影响

由于化学外加剂粉煤灰浆体在室温下反应较慢,通常需要提高养护温度来提高粉煤灰地聚合物的力学性能。许多学者在这方面做了探索,研究表明养护温度在 30℃~85℃ 较为适宜[13],养护时间从几个小时到几天不等。本试验,先将试件置于 75℃ 的烘箱中养护,养护龄期分别为 4 h、8 h 和 24 h。从图 3-4 可以看出,复合化学外加剂最适宜的模数仍为 1.5,掺量为其引入的 Na_2O 当量/CFA 的质量 $=10$wt%,即用于制备试样 CFA-M1.5-C10% 所采用的配合比(表 3-4),制得的地聚合物其力学性能优异,这与室温养护得出的结论相一致。

进一步将试件 CFA-M1.5-C10% 分别置于 60℃、70℃、75℃、80℃ 和 90℃ 养护,其抗压强度结果显示(表 3-5),CFA 一元地聚合反应对养护温度非常敏感,最佳养护温度为 75℃,养护温度直接影响着地聚合物凝结和硬化,养护温度在地聚合物抗压强度发展的过程中发挥着重要作用[14]。随养护龄期增长,抗压强度有所提高,4～8 h 提高迅速,但 8～24 h 内的提高不大,从节约能源的角度考虑,最佳养护龄期为 8 h。

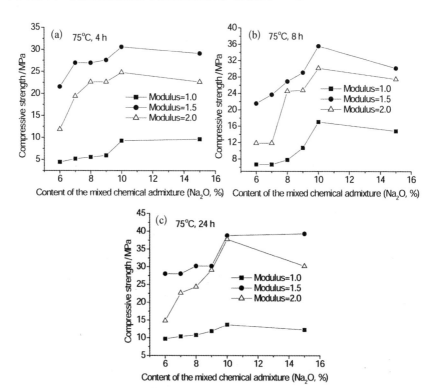

图 3 - 4　地聚合物在 75℃,养护 4—24 h 的抗压强度

表 3 - 5　地聚合物在 60℃～90℃养护的抗压强度

Sample	Curing temperature /℃	Compressive strength/MPa		
		4 h	8 h	24 h
CFA - M1.5 - C10%	60	14.4	20.7	20.7
	70	15.6	20.0	20.7
	75	30.6	35.6	38.8
	80	15.6	20.0	25.6
	90	20.0	28.1	29.6

当复合化学外加剂的模数 $M=n(SiO_2)/n(Na_2O)$ 为 1.5,掺量为 Na_2O 当量/CFA 的质量$=10\ wt\%$时,制备的 CFA 一元地聚合物试件,先在 75℃ 养护 8 h,然后移至室温 23℃下继续养护至 3 d、7 d、28 d、56 d 和 90 d,其抗压强度见表 3-6。CFA 一元地聚合物 75℃养护 8 h,其抗压强度可发展为继而在室温 23℃下养护 28 d 试样抗压强度的 56.2%,28 d 后,其抗压强度增加缓慢。

表 3-6　养护不同龄期的地聚合物的抗压强度

Sample	Compressive strength/MPa					
	8 h	3 d	7 d	28 d	56 d	90 d
CFA - M1.5 - C10%	35.6	36.7	38.1	63.4	64.4	65.9

3.4　CFA 一元地聚合物的织构和形貌

CFA 用模数 $M=n(SiO_2)/n(Na_2O)$ 为 1.5 的复合化学外加剂激发,掺量为 Na_2O 当量/CFA 的质量$=10\ wt\%$,制备的 CFA 一元地聚合物,先在 75℃养护 8 h,然后移至室温 23℃下继续养护至 28 d 后,用 XRD、SEM - EDXA 和 FT - IR,研究 CFA 一元地聚合物的织构与形貌。

3.4.1　CFA 一元地聚合物的物相组成

采用 XRD 分析 CFA 一元地聚合物的物相组成,如图 3-5 所示。

反应产物中有来自 CFA 的石英晶体的衍射峰,其余大部分是无定形结构,XRD 衍射图可以判断无定形地聚合物的无序程度,X 射线衍射图在 $20°\sim40°(2\theta)$ 出现了一个无定形地聚合物凝胶的馒头状特征峰,同时也有类沸石矿物斜方钙沸石($CaAl_2Si_2O_8 \cdot 4H_2O$)出现,另外还出现了无定形

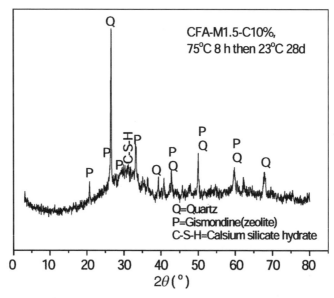

图 3-5 CFA 一元地聚合物的 XRD 衍射图

的水化硅酸钙凝胶。

3.4.2 CFA 一元地聚合物的分子振动

FT-IR 是分子振动光谱的一种,对振动基团偶极矩的变化很敏感,为极性基团的鉴定提供了最有效的信息。FT-IR 是分析碱激发材料尤其是地聚合物的适宜工具[15-21]。CFA 一元地聚合物主要峰出现在 747 cm^{-1}、1 036 cm^{-1}、1 400 cm^{-1}、1 648 cm^{-1} 和 3 466 cm^{-1}(图 3-6)。而在 1 036 cm^{-1} 和 1 400 cm^{-1} 处为铝四面体和硅四面体的 Al-O 和/或 Si-O 键产生的对称伸缩峰;在 747 cm^{-1} 出现了 Si-O-Si/Al-O-Si 的弯曲振动峰。所有的键合信息表明了反应产物的无定形程度。Al-O、Si-O、Si-O-Si 和 Al-O-S 的位置与地聚合反应过程和反应程度的关系是复杂的,目前尚无定论,仍需进一步研究确定。另外,在 1 648 cm^{-1} 和 3 466 cm^{-1} 出现的伸缩峰是结合水的吸收峰。

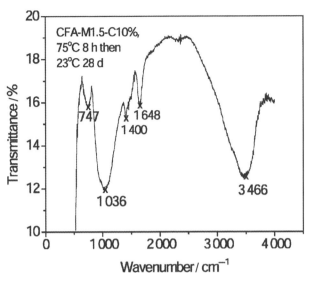

图 3‑6　CFA 一元地聚合物的 FT‑IR 分析

(a) CFA−M1.5−C10%, 75 °C 8 h then 23 °C 28 d

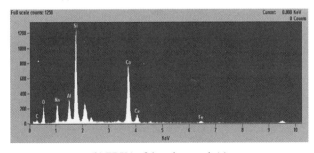

(b) EDXA of the micrograph (a)

图 3‑7　CFA 一元地聚合物 SEM‑EDXA 分析

3.4.3　CFA 一元地聚合物的形貌特征

CFA 一元地聚合物浆体在 75℃养护 8 h 之后,再在室温 23℃下继续养护至 28 d,CFA 玻璃质球体被碱溶液溶蚀破坏,与此同时,地聚合物凝胶填充在 CFA 球体颗粒内部或颗粒之间,或包裹在 CFA 球体周围,形成了较为密实的 CFA 一元地聚合物。

3.5　硅铝相溶出聚合机理及钙质组分的作用机制

硅铝相的溶出和聚合可以反映 CFA 在化学外加剂作用下的活性[22-24],CFA 在碱性溶液中可能发生两大反应:地聚合反应和水化反应。地聚合物凝胶的形成一方面取决于 CFA 中可溶性硅四面体 $SiO_n(OH)_{4-n}^{n-}$ 和铝四面体 $Al(OH)_4^-$ 的含量,另一方面取决于硅四面体和铝四面体在碱性溶液中的溶出程度。在可溶性钙质组分的存在下,反应变得更为复杂。钙质组分在其中可能发生三种反应:① 生成氢氧化钙沉淀;② 与溶解的硅相和铝相发生反应,生成水化产物;③ 发生地聚合反应,取代钠离子键合在地聚合产物中,生成地聚合物。因此,硅铝相和钙质组分相互作用对最终产物的特性产生了重要影响。

表 3 - 7 给出了分别在室温 23℃和 75℃的环境下,CFA 在 5 mol/L 氢氧化钠碱性溶液中振荡时的溶出浓度。当 CFA 与氢氧化钠碱性溶液接触 1 h,我们可以推断出 CFA 中硅铝相和钙质组分的溶出规律,在室温 23℃时,硅铝相的溶出速率相近,且是钙质组分溶出速率的 $1.0×10^2$ 倍之多;而在室温 75℃时,硅铝相的溶出速率约为室温下的 2.5 倍,这也是提高养护温度,地聚合物硬化浆体抗压强度提高的主要原因,然而溶出的钙质组分的浓度却明

显降低为室温下的 0.21 倍,这与氢氧化钙的溶解度随温度的升高而降低有一定的关系;当 CFA 与碱溶液接触 24 h,情况变得较为复杂,数据没有明显的规律可循,这是因为,在碱性环境下,CFA 的硅铝相和钙质组分不断溶出,与此同时,溶出的物质进行了地聚合反应或水化反应,CFA 的硅铝相和钙质组分的溶出与聚合几近同步进行,此时,硅铝相和钙质组分的浓度,与各相的溶出速率有一定关系,也与地聚合反应和水化反应消耗各相的速率相关。

表 3 - 7　CFA 中硅、铝和钙在碱溶液中的溶出浓度

Sample	Si, g/L				Al, g/L				Ca, mg/L			
	23℃		75℃		23℃		75℃		23℃		75℃	
	1 h	24 h	1 h	24 h	1 h	24 h	1 h	24 h	1 h	24 h	1 h	24 h
CFA	1.23	1.08	2.88	7.54	1.27	2.15	3.18	0.31	8.89	3.16	1.91	1.86

图 3 - 8 揭示了粉煤灰颗粒硅铝相和钙质组分的溶出和聚合过程。CFA 的初始形貌见图 3 - 2(a),由一系列不同粒径的球状玻璃质颗粒组成,粉煤灰玻璃质球状颗粒之间有轻微的团聚现象,这些粉煤灰球状颗粒通常是中空的,一些球体还可能将更小粒径的粉煤灰颗粒包裹其中[25]。粉煤灰颗粒在化学外加剂的作用下形貌发生了改变,原有的粉煤灰玻璃质球体被打破,硅铝相和钙质组分从粉煤灰颗粒中溶出,更进一步,打破的粉煤灰球

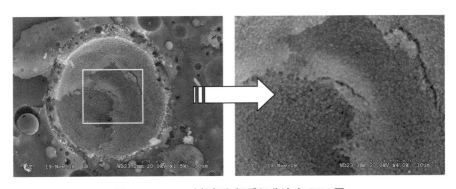

图 3 - 8　CFA 硅铝相和钙质组分溶出 SEM 图

体被大量地聚合反应生成的无定形产物或极为微小的颗粒填充其内,逐渐形成密实的地聚合物硬化浆体。

综合分析近年来文献中发表的粉煤灰地聚合物的抗压强度值[10],可以得到粉煤灰地聚合物抗压强度与粉煤灰化学组成之间的关系,见图 3-9。图 3-9 显示了由不同的化学组成比 $SiO_2 : 1/2\ Al_2O_3 : (2M^{2+}O + 1/2\ M_2^+O)$ 的原材料,经激发而制得的粉煤灰地聚合物的抗压强度的大致范围。为简洁起见,图中将试样的抗压强度分为"高""中"和"低"三个等级。表 3-8 中,原状 CFA 粉体中铝的原子个数百分比为 9.93%、硅为 17.9%、钙和钠分别为 10.1% 和 0.91%,按图 3-9,则 $SiO_2 : 1/2\ Al_2O_3 : (2M^{2+}O + 1/2\ M_2^+O) = 36.6 : 20.3 : 43.1$,这样,CFA 制备的地聚合物其抗压强度落在"高"的范围内,也印证了其力学性能的优良。

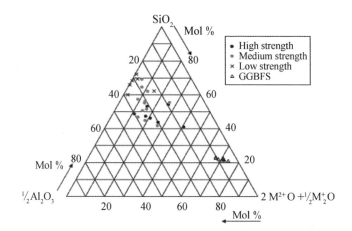

图3-9 原材料化学组成与地聚合物或碱激发材料的抗压强度

表 3-8 原状和活性 CFA 及其地聚合物中的原子百分数及比例

CFA	CFA raw material (Fig. 3-2)	The activated CFA sphere(Fig. 3-8)	CFA geopolymer (Fig. 3-7)
Na, atom/%	0.91	2.00	6.23
Al, atom/%	9.93	17.9	6.63

CFA	CFA raw material (Fig. 3-2)	The activated CFA sphere(Fig. 3-8)	CFA geopolymer (Fig. 3-7)
Si, atom/%	17.9	9.22	20.9
Ca, atom/%	10.1	1.17	6.91
Na/Al	0.09	0.11	0.94
Si/Al	1.70	0.51	3.15
Ca/Al	1.02	0.07	1.04

通常,具有三维网状结构的无定形地聚合物符合 R_n -$[(-Si-O_2)_z-Al-O]_n \cdot wH_2O$,其中,R 代表阳离子如钠离子或钾离子等;$n$ 是聚合度;$z=1$、2 或 3;w 是地聚合物含有的结合水。正是这些无定形的地聚合产物赋予了地聚合物胶凝性。最常见的地聚合物列于表 3-9 中,地聚合物凝胶的 Si/Al=1、2 或 3,而当 R 为一价碱金属时,R/Al=1。

表 3-9　常见几种地聚合物

Types of species	Abbreviations
1. Poly (sialate)：R_n -$(-Si-O-Al-O-)_n$ -	R - PS
2. Poly (sialate - siloxo -)：R_n -$(-Si-O-Al-O-Si-O-)_n$ -	R - PSS
3. Poly (sialate - disiloxo -)：R_n -$(-Si-O-Al-O-Si-O-Si-O-)_n$ -	R - PSDS

从表 3-8 可以发现,Si/Al 在原状 CFA 粉体、反应中的活性 CFA 球体和 CFA 一元地聚合物中分别发生了变化。原状 CFA 粉体的初始 Si/Al=1.70,随着反应的进行,反应中的活性粉煤灰球体其 Si/Al 变为 0.51,这可能是因为硅铝相从 CFA 中溶出时硅相的溶出速率比铝相的溶出速率大,也可能是由于铝相参与地聚合反应或水化反应的速率比硅相快。在 75℃养护 8 h 的试件在室温 23℃下继续养护至 28 d,CFA 一元地聚合物中 Na/

Al＝0.94 接近 1.00,而 Si/Al 回升增加至 3.15,这样,CFA 一元地聚合物可能为地聚合物(Na)- Poly(sialate - disiloxo -),即[Na_n -(- Si - O - Al - O - Si - O - Si - O -)$_n$ -],属 Na - PSDS 型,结合 CFA 一元地聚合物的 XRD 分析,反应产物中有无定形的类沸石矿物斜方钙沸石($CaAl_2Si_2O_8$ · $4H_2O$),属 Na - PSS 型地聚合物;另一方面,Na/Al 在此体系中略小于 1.00,仅钠作为阳离子参与地聚合反应是不够的,因此,部分钙质组分也参与了地聚合反应使地聚合物的电价得以平衡;另外,反应产物中还包含了一些无定形的水化硅酸钙凝胶,这是因为硅相和钙质组分也参与了水化硅酸钙凝胶的形成,这些水化产物与地聚合物凝胶共存于 CFA 一元地聚合物体系中;FT - IR 分析,Al - O、Si - O 和 Si - O - Si/Al - O - Si 对称伸缩峰和结合水吸收峰的出现,也印证了以上分析;与此同时,SEM 观察到一些尚未反应的粉煤灰颗粒,与地聚合物凝胶或水化产物胶结在一起,形成密实的 CFA 一元地聚合物。

3.6 本章小结

(1) 试验用 CFA 大部分是细小的玻璃质球状颗粒且颗粒之间有轻微的团聚现象,结晶相主要是多铝红柱石、石英、硬石膏和游离氧化钙。

(2) 钠水玻璃与氢氧化钠的复合化学外加剂的模数 $n(SiO_2)/n(Na_2O)＝$ 1.5,掺量为 Na_2O 当量/CFA 的质量＝10 wt％,对 CFA 的激发效果明显;提高养护温度可以加速地聚合反应,较为适宜的养护方式为先在 75℃养护 8 h,然后移至室温 23℃下继续养护至所需龄期。

(3) CFA 与氢氧化钠碱性溶液接触 1 h,在室温 23℃,硅相和铝相的溶出速率相近,且是钙质组分溶出速率的 $1.0×10^2$ 倍之多;而在 75℃,硅铝相的溶出速率约为室温下的 2.5 倍,这也是提高养护温度后,地聚合物硬化

浆体抗压强度提高的主要原因,钙质组分的浓度却明显降低为室温下的
0.21 倍,这与氢氧化钙的溶解度随温度的升高而降低有一定的关系;当
CFA 与碱溶液反应 24 h,情况变得较为复杂,溶出的硅铝相和钙质组分的
浓度,与硅铝相和钙质组分的溶出速率有一定关系,也与地聚合反应和水
化反应消耗钙硅铝相和钙质组分的速率相关。钙质组分在其中可以参与
三种反应:① 以生成氢氧化钙沉淀;② 与溶解的硅相和铝相发生水化反
应;③ 发生地聚合反应,取代钠离子键合在地聚合产物中。

(4)粉煤灰颗粒在碱激发、地聚合反应和水化反应多重作用下形貌发
生了改变,原有的粉煤灰玻璃质球体被打破,部分硅铝相从粉煤灰颗粒中
溶出,与此同时,打破的粉煤灰球体被大量极为无定形产物或微小的颗粒
填充其内,逐渐形成密实的地聚合物硬化浆体,表现出优良的力学性能。

(5)钠水玻璃和氢氧化钠的复合化学外加剂激发的 CFA 一元地聚合
物中含有 Na‐PSDS 和 Na‐PSS 型地聚合物凝胶,另外还包含了一些无定
形的水化硅酸钙凝胶;钙质组分在其中,一部分参与了地聚合反应键合在
地聚合物中,一部分参与水化反应生成了化硅酸钙凝胶;另外一些尚未反
应的粉煤灰颗粒与地聚合物凝胶或水化产物胶结在一起,形成密实的 CFA
一元地聚合物。

第 *4* 章

高钙粉煤灰–脱硫灰渣(CFA – FGDW) 二元地聚合物

4.1 引　　言

　　FGDW 是火力电厂烟气脱硫净化工艺的副产物,其中脱硫石膏的二水硫酸钙含量高达 90％以上,杂质含量极少,甚至比天然石膏的纯度还高,且颗粒均一,细度很高[1-2]。美国粉煤灰协会每年的燃煤废弃物统计数据显示,2006 年 FGDW 总产量约 1.21 亿 t[3]。为达到美国环境保护署颁布的洲际能源清洁燃烧法规,各国各电厂均将安装脱硫工艺,随着新建火力电厂的投入使用和老电厂的改造,预计今后 10 年 FGDW 产量将会翻倍[4]。

　　作者曾研究过 FGDW 在矿渣微粉中的资源化利用,200℃热处理的 FGDW 以 3.5 wt％掺入矿渣微粉,对矿渣微粉起到了激活的作用。FGDW 与矿渣微粉的复合掺合料用于水泥混凝土,除由于 FGDW 的引入而使凝结时间有所延长外,抗折强度和抗压强度均有所提高,且抗氯离子渗透和抗气体渗透性能均有所提高,是一种优于纯矿渣微粉的复合掺合料[5-8]。

　　地聚合物在工业副产物的资源化利用中极具吸引力,从 1979 年地聚合物概念的提出,在地聚合物研究的 30 年里,地聚合物研究已经从消耗高岭土资源的偏高岭土基地聚合物,发展到利用工业废弃物,如利用矿渣微粉和粉煤灰研究地聚合物的阶段。然而,地聚合物的研制在硅铝源材料先驱物的选择上却较为单一,制备地聚合物的先驱物的单一性和局限性,限制了地聚合技术协同处理和共处置多种废弃物的发展,也制约了"以废治废"这一思路的实现。

基于 FGDW 在矿渣微粉中的资源化利用和 CFA 一元地聚合物的研究,作者设想,FGDW 是否可以作为地聚合反应的硫酸盐矿物外加剂? 硫酸盐矿物外加剂和化学外加剂在地聚合反应中的兼容性如何? 在碱激发和硫酸盐激发的双重作用下,地聚合反应将何去何从? 地聚合反应产物将发生什么变化? 这一系列问题,将在本章中探求答案。这些问题的探讨将有助于多种工业废弃物协同处理途径的探索,为地聚合反应的理论研究增加新的内容,而且将产生很大的经济和环境效益。

本章以 CFA 作为硅铝源原材料,以 FGDW 为矿物外加剂,以钠水玻璃和氢氧化钠为复合化学外加剂,研制 CFA‐FGDW 二元地聚合物。研究 FGDW 的本征特性;研究不同温度下焙烧不同时间的 FGDW 及其掺量对地聚合物力学性能的影响;并进一步研究 CFA‐FGDW 二元地聚合物的织构和形貌,揭示 FGDW 废弃物对 CFABG 的影响机制和作用机理。

4.2　FGDW 的本征特性

4.2.1　FGDW 的细度和形貌

试验用 FGDW 取自美国俄亥俄州辛辛那提能源有限公司,主要成分为 $CaSO_4 \cdot 2H_2O$,纯度达 94.8%,其化学组成见表 2‐2。试验用 CFA,其化学组成见表 2‐1,其本征特性,见第 3.2 节,本节不再赘述。

　　细度和粒径分布是影响原材料活性的重要物理指标[9]。FGDW 和 CFA 的细度分析见表 4-1,可以看出,试验用 FGDW 其 36% 以上的颗粒粒径小于 45 μm,97% 的颗粒粒径小于 105 μm,且分布较为均匀。用 BET 氮气吸附法测得的 FGDW 的比表面积为 2 236 m^2/kg。

表 4-1　FGDW 和 CFA 的细度分析

ASTM Screen and its apeture /μm	Residue on sieve/wt%	
	CFA	FGDW
180	0.88	0.68
150	0.44	2.96
105	0.96	23.88
75	1.32	20.24
45	2.88	10.12
<45	91.16	36.56

　　FGDW 的形貌见图 4-1,尽管其晶形不是很完整和规则,但大部分晶体为六边形的柱状结构。

图 4-1　FGDW 的扫描电镜图

4.2.2　FGDW 的热处理

　　湿法脱硫工艺产生的 FGDW 通常吸附水含量较高,湿度大,粘性强,若不经处理直接与 CFA 拌合,较难形成拌合均匀的原材料,而且热处理 FGDW 不仅除去吸附水,而且物相发生变化,物相组成的改变,必将对地聚合反应产生影响,因此,需首先研究 FGDW 的热物理化学性能。利用 TG/DSC 测试风干 FGDW,分析其随温度升高的物相转变过程,并初步选择确定焙烧 FGDW 的温度试验点;在马沸炉中设置 150℃、200℃、400℃、600℃和 800℃ 焙烧 FGDW 1～3 h,用 ICP‐AES 测试了不同温度下焙烧的 FGDW 的化学组成变化,用 XRD 测定对比了不同温度下焙烧的 FGDW 的物相组成。

　　在 FGDW 的热重分析 TG 图上(图 4‐2),在 113.2℃～228.2℃有明显的质量损失,而且在差热分析 DTA 图上,183.5℃处出现一个大的吸

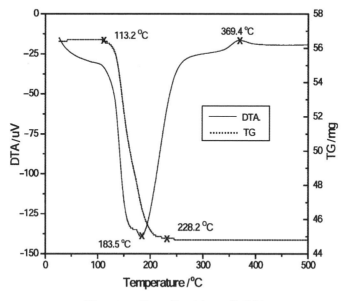

图 4‐2　FGDW 的 TG/DTA 热分析

收峰,这是 FGDW 物相的转化,FGDW 中的二水石膏转变为半水石膏。FGDW 的热重曲线在 228.2℃之后趋于平稳,而在差热图上 369.4℃又出现一个小峰,这是半水石膏向硬石膏相的转变。高于 400℃之后趋于平稳。

基于以上分析,我们分别在 150℃、200℃、400℃、600℃ 和 800℃ 焙烧 FGDW 1~3 h 备用。在 150℃ 和 200℃ 焙烧的 FGDW 除含有大量的 $CaSO_4 \cdot 0.5 H_2O$,还有很少的一部分 $CaSO_4 \cdot 2H_2O$;而在高于 400℃的温度下焙烧的 FGDW,主要矿物成分为 $CaSO_4$,见图 4-3。这与 FGDW 的 TG/DSC 得到的结论相一致。

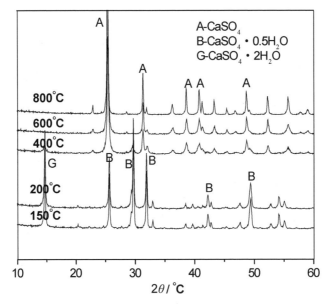

图 4-3　FGDW 在不同温度下焙烧 1 h 后的 XRD 物相分析

随热处理温度的升高,热处理后的 FGDW 其主要元素基本上没有改变,仍为 Ca 和 S,此外,在 FGDW 中还存在一些痕量重金属元素 Ba、Cr、As、Pb、Zn、Cu 和 Cd 等,见表 4-2。

表 4‐2　FGDW 在不同温度下焙烧 1 h 后的化学成分分析

FGDW	Temperatures/℃				
	150	200	400	600	800
Ca,g/kg	237	216	256	214	256
S,g/kg	176	164	189	160	188
Si, mg/kg	162	135	135	79.3	98.6
Mg, mg/kg	184	171	186	197	170
Fe,mg/kg	164	84.1	157	142	132
Al, mg/kg	167	143	176	146	138
Ba, mg/kg	17.4	15.4	17.6	15.9	18.3
Cr, mg/kg	4.11	3.67	4.05	4.74	5.12
Se, mg/kg	2.90	2.90	2.90	2.90	2.90
As, mg/kg	1.61	1.61	1.61	1.61	1.61
Pb, mg/kg	0.97	0.97	0.97	2.20	1.81
Zn, mg/kg	0.69	0.69	0.69	0.69	0.69
Cu, mg/kg	0.47	0.47	0.47	0.47	0.47
Cd, mg/kg	0.06	0.06	0.06	0.29	0.12

4.3　CFA‐FGDW 二元地聚合物的力学性能

原材料的活性决定着地聚合物的力学性能[10,11]。为研究 FGDW 如何影响地聚合物的力学性能,采用单因素变量法研究 FGDW 的焙烧温度和焙烧时间、FGDW 的掺量、试件的养护温度和养护时间等对 CFA‐FGDW 二元地聚合物力学性能的影响。试验将在不同温度下焙烧 1~3 h 的 FGDW,以不同掺量掺入 CFA 中,研制 CFA‐FGDW 二元地聚合物。配合比见表 4‐3。

表 4-3　CFA-FGDW 二元地聚合物的配合比

Sample[a]	CFA/%	FGDW		
		Content /%	Baking temperature/℃	Baking time /h
CFA-Blank	100	0	—	—
CFA-FGDW (150℃)[a]	90	10	150	1
CFA-FGDW (200℃)	90	10	200	1
CFA-FGDW (400℃)	90	10	400	1
CFA-FGDW (600℃)	90	10	600	1
CFA-FGDW (800℃)	90	10	800	1
CFA-FGDW (10%)	90	10	800	1
CFA-FGDW (20%)	80	20	800	1
CFA-FGDW (30%)	70	30	800	1
CFA-FGDW (40%)	60	40	800	1
CFA-FGDW (50%)	50	50	800	1
CFA-FGDW (1 h)	90	10	800	1
CFA-FGDW (2 h)	90	10	800	2
CFA-FGDW (3 h)	90	10	800	3

　　注：Sample[a]，CFA-Blank 为 CFA 一元地聚合物；在 CFA-FGDW 二元地聚合物中 CFA 代表高钙粉煤灰，FGDW 为脱硫灰渣，括号中分别为 FGDW 的焙烧温度、掺量和焙烧时间。下文试样代号均如此，不再重复。

　　FGDW 和 CFA 的地聚合反应是一个碱激发和硫酸盐激发共同激发的反应过程，CFA-FGDW 二元地聚合物的抗压强度见图 4-4。在图 4-4(a-1)和图 4-4(a-2)中，FGDW 均以 10 wt% 的掺量取代 CFA，在 800℃ 焙烧的 FGDW 对粉煤灰的激发作用显著，这是因为在 800℃ 焙烧的 FGDW 主要成分为 $CaSO_4$，FGDW 化学相的转变使其具有了更好的活性，可以激发粉煤灰，对地聚合物抗压强度的发展有利。另外，在室温下，地聚合物抗压强度随着养护龄期的增加而提高，而在 75℃ 养护 8 h 的效果却要比养护 24 h

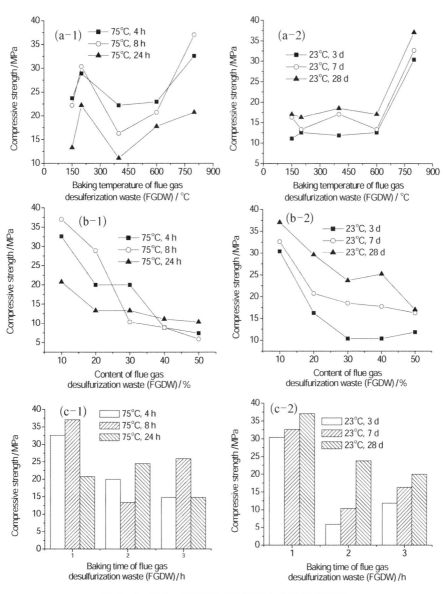

图 4‑4　CFA‑FGDW 二元地聚合物的抗压强度

好,在 75℃养护较长的时间,抗压强度会有所降低。这是因为,长时间的高温养护并没有使地聚合产物变成更为密实的三维网状结构,反而打破了地聚合物体系的无定形的微观结构,导致地聚合物的脱水和收缩裂缝的产生[17]。

在图 4-4(b-1)和图 4-4(b-2)中,将 800℃焙烧 1 h 的 FGDW 分别以 10 wt%~50 wt%的掺量取代 CFA,地聚合物硬化浆体的抗压强度随 FGDW 掺量的增加而降低;图 4-4(c-1)和图 4-4(c-2)显示,焙烧 1 h 的 FGDW 对地聚合物硬化浆体抗压强度的提高较大,过烧的 FGDW 反而使 地聚合物硬化浆体的抗压强度有所降低。

在 800℃焙烧 1 h 的 FGDW,以 10 wt%的掺量取代 CFA 研制的 CFA-FGDW 二元地聚合物得到了较好的力学性能,提高养护温度,可以加速地 聚合物力学性能的发展;在室温下地聚合物硬化浆体的抗压强度随养护时 间的延长而增加。

4.4 CFA-FGDW 二元地聚合物的 织构和形貌

在 4.3 节研究的基础上,优选 CFA-FGDW 二元地聚合物,即试样 CFA-FGDW(800℃,10%,1 h),简记为 CFA-FGDW,在 75℃养护 8 h, 然后移至室温 23℃下继续养护至 28 d;并以 CFA 一元地聚合物(CFA-blank,同第 3 章表 3-4 中的试样 CFA-M1.5-C10%)作对比试样,其配 合比和其他条件均与试样 CFA-FGDW 一致;然后用 XRD、FT-IR 和 SEM-EDXA 等测试方法,研究 CFA-FGDW 二元地聚合物的织构与形 貌,进一步揭示 FGDW 对地聚合物的影响机制和作用机理。

4.4.1 CFA-FGDW 二元地聚合物的物相组成

从图 4-5 可以看到 CFA-FGDW 二元地聚合物的反应产物大部分为 无定形结构,并且在 20°~40°(2θ)间出现了馒头状峰,这是地聚合物的特征 峰,经测定还含有类沸石矿物斜方钙沸石(gismondine)。在 CFA-Blank

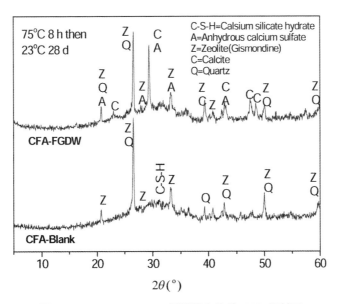

图 4‐5 CFA‐FGDW 二元地聚合物的 XRD 衍射图

中地聚合物凝胶与水化硅酸钙凝胶共存,而 FGDW 的加入后,X 射线衍射图中出现了明显的结晶相石英、方解石和无水硫酸钙,这来自未反应的 CFA 和 FGDW。

4.4.2 CFA‐FGDW 二元地聚合物的分子振动

FT‐IR 可以分析出地聚合物的 Al‐O、Si‐O 和 Si‐O‐Si 以及结合水等特征峰的位置[18-24]。在 CFA‐FGDW 二元地聚合物的红外光谱图谱中,在 1 004 cm⁻¹和 1 408 cm⁻¹处为铝四面体和硅四面体的 Al‐O 和/或 Si‐O 键产生的对称伸缩峰;而在 618 cm⁻¹和 747 cm⁻¹处两个连续的峰为 Si‐O‐Si/Si‐O‐Al 的弯曲振动峰。Al‐O、Si‐O、Si‐O‐Si 和 Si‐O‐Al 的位置与地聚合反应过程及反应程度的关系有待进一步研究。在 1 648 cm⁻¹和 3 463 cm⁻¹出现的伸缩峰是结合水的吸收峰。而 CFA 一元地聚合物 CFA‐Blank 也出现了 Al‐O 和/或 Si‐O,Si‐O‐Si 和 Si‐O‐Al 峰,但均比 CFA‐FGDW 二元地聚合物的特征峰弱。

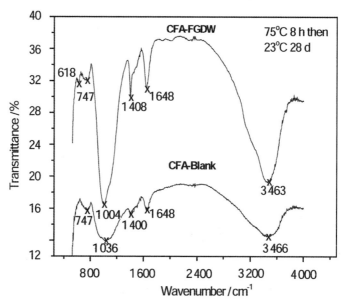

图 4 - 6　CFA - FGDW 二元地聚合物的 FT - IR 分析

4.4.3　CFA - FGDW 二元地聚合物的形貌特征

在 CFA 一元地聚合物中,地聚合物凝胶填充在粉煤灰颗粒内部或粉煤灰颗粒之间,或包裹住粉煤灰球体,形成了较为密实的微观结构。当 FGDW 加入之后,观察到了板状或棒状结构的物质包裹在球状 CFA 颗粒周围,其结构与水泥混凝土中存在的钙矾石非常相似,见图 4 - 7(a)。这可能是 FGDW 中的硫酸盐参与了反应,与 CFA 溶出的铝相和钙质组分一起反应,生成了钙矾石。CFA - FGDW 体系中,碱激发和硫酸盐激发同时共存,水化反应和地聚合反应同时发生,不仅生成大量地聚合物凝胶,而且 FGDW 可能作为硫酸盐激发剂与粉煤灰中的铝酸盐反应生成钙矾石。

根据地聚合物的硅铝率(Si/Al=1、2 或 3),最常见的地聚合物有 R - PS、R - PSS 和 R - PSDS 三种类型。进一步对 CFA - FGDW 二元地聚合物进行

(a) CFA‐FGDW

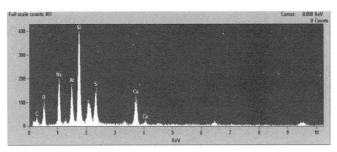

(b) EDXA of CFA‐FGDW

图 4‐7　CFA‐FGDW 二元地聚合物的 SEM‐EDXA 分析

X 射线能谱分析,除了 CFA 一元地聚合物中存在的主要的元素 Si、Al、Ca、Na 和 O 外,S 元素也出现在反应产物中,且 Si/Al=2.62,CFA‐FGDW 二元地聚合物主要为(Na)‐Poly(sialate‐siloxo‐),即 $[Na_n‐(‐Si‐O‐Al‐O‐Si‐O‐)_n‐]$,属 Na‐PSS 型;而 Na/Al 约为 2,这说明在该体系中钠作为阳离子参与地聚合反应获得电价平衡是足够的,溶出的铝酸钙矿物可能与 FGDW 一起参与了水化反应生成了钙矾石,这样,溶出了硅相和铝相生成了地聚合物的同时,铝相和钙相也与 FGDW 生成了钙矾石这一水化产物,地聚合物凝胶和水化产物钙矾石共存于反应产物中;与此同时,SEM 图中,也观察到一些尚未反应的粉煤灰颗粒,它们被反应产物胶结起来,形成密实的微观结构。

4.5 FGDW 对地聚合反应的影响机制和作用机理

在 800℃煅烧 1 h 的 FGDW,煅烧产物主要为结构松弛、缺陷多和活性大的硫酸钙[25],此外还有 $CaCO_3$ 和 CaO 等杂质,以及少量的可溶性盐,如 K^+、Na^+ 盐。FGDW 煅烧过程中,二水硫酸钙发生以下的晶型转变关系(图 4-2,图 4-8),在 113.2℃~228.2℃,有明显的质量损失,在 113.2℃~183.5℃,二水硫酸钙转变为半水硫酸钙;在 183.5℃~228.2℃,由半水硫酸钙向可溶型六方型硫酸钙转变;在 369.4℃~500℃,向不溶型硫酸钙转变;在 750℃~800℃,向 α-斜方型硫酸钙转变。二水硫酸钙中结晶水的脱去,在晶体内部留下空腔,使晶格产生畸变,晶形转变过程是原化学键破坏,键角位移和新化学键形成过程,因而结构松弛,缺陷多(图 4-9)。二水硫酸钙相变导致结构松弛效应是 FGDW 产生活性的原因。

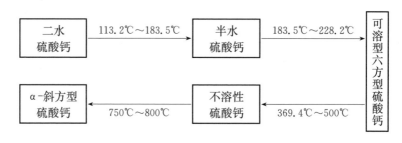

图 4-8 FGDW 中二水硫酸钙的相变

在 CFA-FGDW 二元地聚合物的反应体系中,主要包括两大反应,一是地聚合反应,二是水化反应。无论是地聚合反应还是水化反应,均需经过以下反应过程[26,27]:① 硅酸盐矿物粉体原料中的活性组分 SiO_2 和 Al_2O_3 的解聚;② 解聚的铝硅配合物溶解出来,并由固体颗粒表面向颗粒

图 4‐9　800℃煅烧 1 h 的 FGDW 微观形貌

间隙的扩散。FGDW 掺入 CFA 中,由于 CaO、K^+ 和 Na^+ 盐等碱性物质的引入,使得体系的碱度增大,有利于 CFA 中玻璃体中的硅氧四面体的解聚,使得更多的 Si‐O,Al‐O‐Si 键断裂,从而提高了 CFA 的反应活性[28]。从化学反应角度看,CFA 在碱性溶液环境中,来自 FGDW 和 CFA 中的 CaO 与水反应生成 $Ca(OH)_2$,此反应速度非常快,并伴有体积膨胀,且生成的 $Ca(OH)_2$ 是气硬性的;同时,CFA 中的活性组分 SiO_2 和 Al_2O_3 在碱激发作用下从 CFA 玻璃体中解聚出来。之后,一方面,在碱性环境下,溶解的铝硅配合物形成地聚合物凝胶相,并在碱硅酸盐溶液和铝硅配合物之间发生缩聚反应,凝胶相逐渐排除剩余的水分,固结硬化成地聚合物;另一方面,溶解的活性组分 SiO_2 和 Al_2O_3 再与 $Ca(OH)_2$ 反应生成水化硅酸钙凝胶和水化铝酸盐。生成的地聚合物凝胶和水化硅酸钙凝胶等包裹在 CFA 颗粒的表面,阻碍了反应的进一步进行。在 CFA‐FGDW 二元地聚合反应体系中,FGDW 除了增大体系的碱度并加速 CFA 硅铝相的溶出外,FGDW 中的活性硫酸钙可能会与 CFA 溶出的 Al_2O_3 以及 CaO 反应生成钙矾石[29],而且液相中碱度增加将使 Al_2O_3 溶解度提高,这对 $[Al(OH)_6]^{3-}$ 八面体的形成,即钙矾石的基本结构单元 $\{Ca_6[Al(OH)_6]_2 24H_2O\}^{6+}$ 的形成十分有利,使钙矾石的晶核形成和晶体生成变得相对容易。加之,FGDW 的浆体中 SO_4^{2-} 会渗透到地聚合物凝胶中,改变凝胶相的透水性,从而提高和加速了各类反应的速率。同时,钙矾石形成后会填充在地聚合物凝胶的孔隙中增加了体系的致密度。

4.6　本章小结

(1) 试验用 FGDW 主要物相为二水硫酸钙,呈六边形柱状晶体,有的晶形不是很完整。FGDW 经热处理发生晶型转变。在 113.2℃ ～ 183.5℃,二水硫酸钙转变为半水硫酸钙;在 183.5℃～228.2℃,由半水硫酸钙向可溶型六方型硫酸钙转变;在 369.4℃～500℃,向不溶型硫酸钙转变;在 750℃～800℃,向 α-斜方型硫酸钙转变。

(2) 在 800℃焙烧 1 h 的 FGDW 以 10 wt％的掺量取代 CFA 得到了较好的力学性能。在室温下地聚合物硬化浆体的抗压强度随养护时间的延长而增加。提高养护温度,可以加速 CFA - FGDW 二元地聚合物硬化浆体力学性能的发展。

(3) CFA - FGDW 二元地聚合物在 XRD 图谱 20°～40°(2θ)间出现馒头状峰,这是地聚合物的特征峰,同时也有类沸石矿物斜方钙沸石(gismondine, $CaAl_2Si_2O_8 \cdot 4H_2O$)出现,类型为(Na)- Poly(sialate - siloxo -),即 Na_n -(- Si - O - Al - O - Si - O -)$_n$,属 Na - PSS 型,这在 FT - IR 中也得到了印证,在 1 004 cm^{-1} 和 1 408 cm^{-1} 处为铝四面体和硅四面体的 Al - O 和/或 Si - O 键产生的对称伸缩峰;而在 618 cm^{-1} 和 747 cm^{-1} 处两个连续的峰为 Si - O - Si/Si - O - Al 弯曲峰;从 SEM 图谱中可以看出,CFA 周围生成了无定形的地聚合物凝胶,同时也有板状或棒状的钙矾石包裹在球状粉煤灰颗粒周围;体系中钠作为阳离子足以参与地聚合反应而获得电价平衡；另外，XRD 图谱中还有石英、方解石和无水硫酸钙，与此同时，在 SEM 中也观察到一些尚未反应的 CFA 颗粒。

（4）CFA‑FGDW 二元地聚合反应体系中存在地聚合反应和水化反应，形成了地聚合物凝胶、类沸石以及钙矾石。FGDW 的掺入，引入了 CaO、K^+ 和 Na^+ 盐等碱性物质，增大了体系的碱度，促进了 CFA 玻璃体中的硅铝相的解聚和扩散；FGDW 中的活性硫酸钙可能与 CFA 溶出的 Al_2O_3 以及 CaO 反应生成钙矾石。加之，FGDW 中 SO_4^{2-} 会渗透到地聚合物凝胶中，改变凝胶相的透水性，从而提高和加速了各类反应的速率。脱硫石膏作为矿物外加剂用于地聚合物的研究，丰富了地聚合物原料选择，实现了含硅铝相的工业废弃物和含硫酸钙工业废弃物在地聚合物中的协同处理。

第5章

高钙粉煤灰—污泥(CFA – SL)
二元地聚合物

5.1 引　　言

当前,我国水污染现象十分严重,随着人们环境意识的加强和水质量指标的日趋严格,饮用水和污水处理过程所产生的废弃物必将随之增长。我国城市污水处理厂每年排放的 SL 大约为 130 万 t(干重),且年增长率大于10%,若城市污水全部得到处理,则将产生 SL 约 840 万 t(干重),占我国总固体废弃物的 3.2%,尤其是在我国大城市,这种废弃物的出路问题已经十分突出,目前尚无合理的处理办法。SL 是由水和污水处理过程所产生的固体沉淀物质,其成分非常复杂,含有无机矿物,同时含有很多病菌微生物、寄生虫(卵)、重金属及多种有毒有害有机污染物等,目前所采用的处理方法均无法消除其对环境造成的二次污染。因此,在其安全处置和资源化利用过程中,需考虑如何避免和减少其对环境的潜在危害。

SL 的主要化学成分为 SiO_2、Al_2O_3、CaO 和 Fe_2O_3,其中,SiO_2 含量远低于黏土中的含量,Fe_2O_3 的含量比黏土中高 10% 左右,其他成分的含量两者基本接近。SL 中含有有机碳,有一定的热值,其燃烧热值大约在 1 000 J/g 左右。作者综合分析了近年来的 SL 资源化利用方面的文献,专家学者对其在水泥、轻质集料或陶粒、混凝土、砖和路基等土木工程材料方面进行了多方探索。

基于地聚合物的研究和 SL 资源化利用的综合分析,作者设想,SL 是否可以作为地聚合反应的矿物外加剂? SL 中含有的硅铝质矿物成分,是否可以作为硅铝源先驱相参与地聚合反应? SL 中含有的大量钙质组分和碱性物质 K_2O 和 Na_2O 是否可以为地聚合反应提供较高的碱性环境从而促进地聚合反应? 由第一和第二主族元素共同与第三、第四主族元素在水热条件下和碱性介质环境中是否可以形成一种新型地聚合物胶凝材料? 这一系列问题,将在本章中探求答案。

本章拟以 CFA 作为硅铝源原材料,以 SL 为矿物外加剂,以钠水玻璃和氢氧化钠为复合化学外加剂,在地聚合物的研制中协同处理 CFA 和 SL,研制 CFA‑SL 二元地聚合物。研究 SL 的本征特性;研究不同温度下焙烧不同时间的 SL 及其掺量对地聚合物力学性能的影响;研究 CFA‑SL 二元地聚合物的织构和形貌等,揭示 SL 对地聚合物的影响机制和作用机理。

5.2　SL 的本征特性

5.2.1　SL 的细度和形貌

SL 为取自美国俄亥俄州 Sidney 饮用水水处理厂的 #3SL,其化学组成,见表 2‑3。SL 的粒度分布不太均匀,粒径介于 $180~\mu m$ 到 $2~mm$ 之间的占 33.0%,$<45~\mu m$ 的颗粒为 44.0%,见表 5‑1。用 BET 氮气吸附法测得的 SL 的比表面积为 $728~m^2/kg$。SL 大部分为团聚的无定形结构,其微观形貌见图 5‑1。

表 5-1　风干 SL 和 CFA 的细度分析

ASTM Screen and its apeture/μm	Residue on sieve/wt%	
	CFA	SL
180	0.88	33.0
150	0.44	1.84
105	0.96	7.16
75	1.32	4.84
45	2.88	4.20
<45	91.16	44.0

图 5-1　风干 SL 的扫描电镜图

5.2.2　SL 的热活化

新鲜 SL 是一种含水 80% 以上的废弃物,而风干 SL 的吸附水含量约为 35%～37%,湿度大,若不经处理直接与粉煤灰拌合,不容易形成拌合均匀的原材料,而且在不同温度下热活化处理的 SL 不仅除去了吸附水,将其含有的有机物除去,加之热活化处理也可以使其中的无机矿物成分发生相变而激活,必将对地聚合反应产生影响,因此,需首先对 SL 进行热活化处理。

利用 TG/DTA 测试风干 SL,分析其随温度升高的物相转变过程,并初步选择确定烘干焙烧的温度试验点;在马沸炉中设置 500℃、600℃、700℃、800℃和 900℃,焙烧 1～3 h,然后采用 ICP‑AES,测试了不同温度下焙烧的 SL 的化学组成变化,用 XRD 测定对比了不同温度焙烧的 SL 的物相组成。

SL 的热物理化学性能见图 5‑2 和图 5‑3。

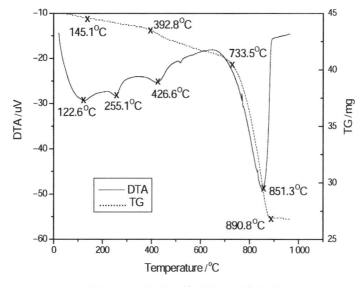

图 5‑2　风干 SL 的 TG/DTA 热分析

在 TG 图上,145.1℃和 392.8℃有两个小的失重峰,而在 733.5℃处出现了一个非常陡峭且显著的失重峰,在 890.8℃又有一个小的质量损失。在 DTA 图上,三个小的峰分别出现在 122.6℃、255.1℃和 426.6℃,而在 851.3℃出现一个大的吸收谷。TG 图上 145.1℃的失重峰与 DTA 中的 122.6℃峰一致,为结合水损失;随着温度的升高,255.1℃、392.8℃和 426.6℃峰虽然出现了小的质量损失的峰,但是并不明显;当焙烧温度在

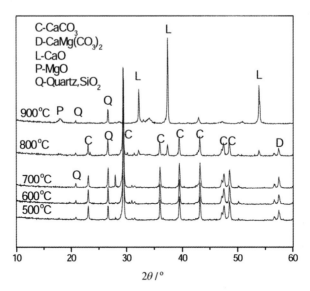

图 5－3　SL 在不同温度下焙烧 1 h 后的 XRD 物相分析

500℃～800℃之间，DTA/TG 上的大的失重吸收峰，这是有机化学物质的燃烧而引起的质量损失；高于 800℃，无机矿物，尤其是碳酸钙和碳酸镁矿物发生分解反应，碳酸盐转化为 CaO 和 MgO，至 892.8℃，DTA/TG 趋于平稳，这点在 XRD 分析中也得到证实。

在不同温度下焙烧的 SL 其主要元素仍为 Ca、Mg、S、Al、Fe 和 Si（表 5－2）。测得的微量元素还有 Sr、Mn、Ba、Li、Zn、Ni 和 Sb，有潜在危害性，需进行安全处置，不能随意堆放。重金属元素含量随焙烧温度的升高而增加，这是由于水、有机物和碳酸盐矿物的分解导致 C 和 O 等的损失而引起的。

表 5－2　不同温度下 SL 的化学组成

SL	Temperatures/℃				
	500	600	700	800	900
Ca, g/kg	267	280	271	315	381
Mg, g/kg	31.5	33.8	33.8	38.3	45.0

续　表

SL	Temperatures/℃				
	500	600	700	800	900
S,g/kg	8.22	8.54	8.29	9.58	11.7
Al,g/kg	5.88	5.66	7.36	6.28	8.56
Fe, mg/kg	10.3	8.61	11.9	7.88	10.5
Si, mg/kg	1.21	1.85	3.44	0.815	1.80
Sr, mg/kg	3.27	3.46	3.35	3.92	4.73
Mn, mg/kg	573	592	604	632	778
Na, mg/kg	153	161	189	188	330
Ba, mg/kg	185	196	202	220	271
Li, mg/kg	169	177	185	203	248
Zn, mg/kg	76.7	30.7	25.4	19.5	26.3
Ni, mg/kg	13.4	12.1	14.4	11.9	14.3
Sb, mg/kg	12.6	19.6	17.6	18.2	18.5

5.3　CFA‐SL 二元地聚合物的力学性能

原材料的活性决定着地聚合物的力学性能[2-3]。为研究 SL 是如何影响地聚合物力学性能的,试验用单因素变量法研究 SL 的焙烧温度和焙烧时间、SL 的掺量、SL 的细度,以及试件的养护温度和养护时间等因素,对 CFA‐SL 二元地聚合物力学性能的影响。本试验将不同细度的 SL 在不同温度焙烧 1~3 h,然后以不同掺量掺入 CFA 中,制备 CFA‐SL 二元地聚合物。配合比见表 5‐3。

CFA‐SL 二元地聚合物的抗压强度见图 5‐4。

从图 5‐4(a‐1)和图 5‐4(a‐2)可以看出,不同温度焙烧的 SL 以

— 77 —

10 wt％取代 CFA,900℃焙烧的 SL 对 CFA 的激发效果优于在其他温度下焙烧的 SL,这是因为在 900℃焙烧的 SL,可以使其无机矿物转化为更为活跃的物相,有利于地聚合物硬化浆体产生较高的抗压强度。

表 5-3　CFA-SL 二元地聚合物的配合比

Samples[a]	CFA /%	SL			
		Content /%	Baking temperature /℃	Baking time /h	ASTM screen /μm
CFA-Blank	100	0	—	—	—
CFA-SL(500℃)	90	10	500	1	—
CFA-SL(600℃)	90	10	600	1	—
CFA-SL(700℃)	90	10	700	1	—
CFA-SL(800℃)	90	10	800	1	—
CFA-SL(900℃)	90	10	900	1	—
CFA-SL(1 h)	90	10	900	1	—
CFA-SL(2 h)	90	10	900	2	—
CFA-SL(3 h)	90	10	900	3	—
CFA-SL(10%)	90	10	900	1	—
CFA-SL(20%)	80	20	900	1	—
CFA-SL(30%)	70	30	900	1	—
CFA-SL(40%)	60	40	900	1	—
CFA-SL(50%)	50	50	900	1	—
CFA-SL(180 μm)	90	10	900	1	180
CFA-SL(150 μm)	90	10	900	1	150
CFA-SL(105 μm)	90	10	900	1	105
CFA-SL(75 μm)	90	10	900	1	75
CFA-SL(45 μm)	90	10	900	1	45

注：Sample[a]：CFA-Blank 为 CFA 一元地聚合物;在 CFA-SL 二元地聚合物中 CFA 为高钙粉煤灰,SL 代表污泥,SL 后面括号中分别为焙烧温度、掺量、焙烧时间和细度。下文试样代码同。

当在 900℃焙烧的 SL 以 10 wt％～30 wt％加入到 CFA 中,CFA‐SL 二元地聚合物的抗压强度随 SL 的掺量增加而急剧降低[图 5‐4(b‐1),图 5‐4(b‐2)],尽管在掺量增加到 40 wt％～50 wt％又有略微的回升;焙烧时间是影响 SL 活性的又一因素,到达设定温度后保温焙烧 1 h 的 SL 掺入到 CFA 而制备的地聚合物,其抗压强度明显比过烧的 SL 的激发效果好

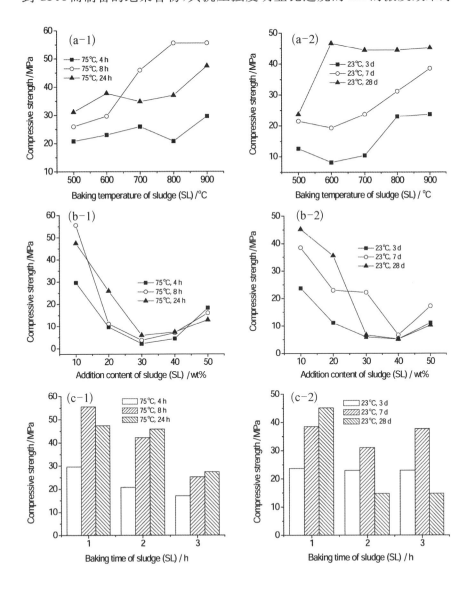

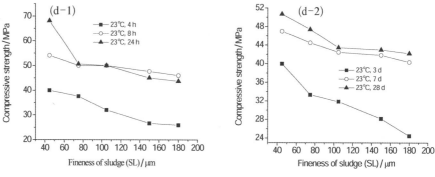

图 5-4　CFA‑SL 二元地聚合物的抗压强度

[图 5-4(c-1),图(c-2)];SL 的细度也是影响其活性的重要因素,不同细度的 SL 分别在 900℃焙烧 1 h,并以 10 wt%掺量掺入到 CFA 中,最终获得的地聚合物硬化浆体在 75℃养护 8 h 抗压强度达约 70 MPa,而在室温下养护 28 d 的抗压强度也约 52 MPa[图 5-4(d-1),图(d-2)]。

以上研究表明,SL(<45 μm)在 900℃焙烧 1 h,以 10 wt%取代 CFA 后制备的 CFA‑SL 二元地聚合物获得的力学性能最好。

5.4　CFA‑SL 二元地聚合物的织构和形貌

在 5.3 节研究的基础上,优选 CFA‑SL 二元地聚合物试样 CFA‑SL(900℃,10 wt%,1 h,<45 μm),简记为 CFA‑SL,在 75℃养护 8 h,然后移至室温 23℃下继续养护至 28 d;并用 CFA 一元地聚合物(试样 CFA‑Blank)作对比试样,其配合比和其他条件均与试样 CFA‑SL 一致;然后用 XRD、FT‑IR 和 SEM‑EDXA 研究其织构与形貌。

5.4.1　CFA‑SL 二元地聚合物的物相组成

从图 5-5 可以看到,CFA‑SL 二元地聚合物大部分为无定形的反应产物,在 $20°\sim40°(2\theta)$ 间出现了馒头状峰,这是地聚合物的特征峰,同时测定出类沸石矿物斜方钙沸石(gismondine,$CaAl_2Si_2O_8 \cdot 4H_2O$),另外,X 射线衍射图中还出现了明显的方解石峰;而 CFA‑Blank 中地聚合物凝胶与水化硅酸钙凝胶共存,另外,SL 加入 CFA 前后,反应产物中均含有结晶相石英,这来自未反应的 CFA 颗粒。

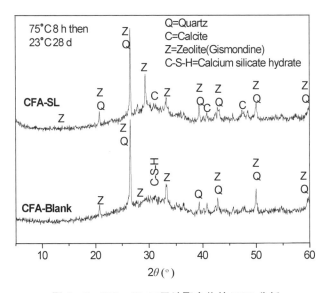

图 5‑5　CFA‑SL 二元地聚合物的 XRD 分析

5.4.2　CFA‑SL 二元地聚合物的分子振动

FT‑IR 可以分析出地聚合物的 Al‑O、Si‑O 和 Si‑O‑Si 以及结合水等特征峰的位置[9-15]。在 CFA‑SL 二元地聚合物的红外光谱图谱中,在 1 005 cm^{-1} 和 1 408 cm^{-1} 处为铝四面体和硅四面体的 Al‑O 和/或 Si‑O 键产生的对称伸缩峰;而在 739 cm^{-1} 处两个连续的峰为 Si‑O‑Si 弯曲振动峰。Al‑O、Si‑O 和 Si‑O‑Si 各峰的位置与地聚合反应过程的关系是复杂的。在 1 648 cm^{-1} 和 3 466 cm^{-1} 出现的伸缩峰是结合水的吸收峰。而 CFA 一元地聚合物 CFA‑Blank 中也出现了 Al‑O 和/或 Si‑O 对称伸缩

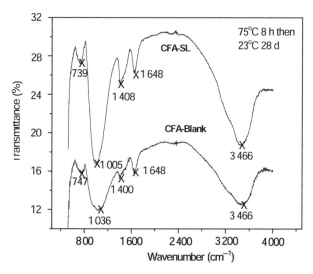

图 5 - 6　CFA - SL 二元地聚合物的 FT - IR 分析

峰及 Si - O - Si 弯曲振动峰,但均比 CFA - SL 二元地聚合物的特征峰弱。

5.4.3　CFA - SL 二元地聚合物的形貌特征

在 CFA 一元地聚合物中,聚合物凝胶填充在粉煤灰颗粒内部或包裹在粉煤灰周围;而当加入焙烧 SL 之后,无定形的地聚合物更加密实填充在粉煤灰球状颗粒内部或包裹在球状粉煤灰颗粒周围(图 5 - 7)。这也是 CFA - SL 二元地聚合物硬化浆体抗压强度较高的原因。

根据地聚合物的硅铝率(Si/Al=1,2 或 3),最常见的地聚合物有 R - PS、R - PSS 和 R - PSDS 三种类型。进一步对 CFA - SL 二元地聚合物进行 X 射线能谱分析,Si/Al=2.78,Na/Al=0.54,这说明此体系阳离子 Na 和 Ca 共同作为阳离子键合在地聚合物中达到电价平衡,形成了(Na)- Poly (sialate - siloxo -)地聚合物,即[Na_n -(- Si - O - Al - O - Si - O -)$_n$ -],属 Na - PSS 型;结合 XRD 分析,产物中还有方解石和石英存在;CFA - SL 二元地聚合物的 SEM 图也显示,无定形的地聚合物凝胶在粉煤灰颗粒周围形成。

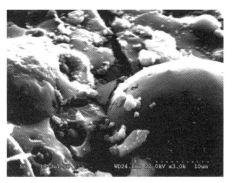

(a) CFA-SL

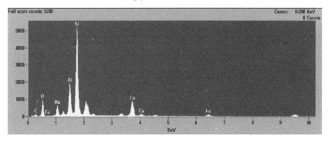

(b) EDXA of CFA-SL

图 5‐7　CFA‐SL 二元地聚合物的 SEM‐EDXA 分析

5.5　SL 对地聚合反应的影响机制和作用机理

CFA 地聚合反应是指 CFA 中的硅铝相作为地聚合反应的先驱物质在地质化学作用下,从碱溶液中解聚溶出,然后再聚合生成地聚合物的矿物聚合反应。地聚合物的形成过程分为 4 个阶段[16-17]:(1)硅酸盐矿物粉体原料在碱性溶液(NaOH、KOH、钠水玻璃和钾水玻璃等)中的溶解;(2)溶解的铝硅配合物由固体颗粒表面向颗粒间隙的扩散;(3)凝胶相形成,并在碱硅酸盐溶液和铝硅配合物之间发生缩聚反应;(4)凝胶相逐渐排除剩余的水分,固结硬化成地聚合物。当地聚合反应的先驱相与碱溶液混合,玻璃体成分迅速溶解,在这样的情况下,凝胶没有足够的时间和空间来形成结晶良好的结构,地聚合物由铝和硅四面体交替连接,地聚合物结构单元通过侧链上不饱和氧与其他硅、铝四面体结合,Al-O-Si结构是地聚合物结构的主要结构单元,架构向三维方向伸展,形成了微晶的、无定形或半无定形的结构。

地聚合反应是基于碱激发无机材料化学。从化学反应的角度来看,地聚合材料可称为碱激发硅铝胶凝材料,属于碱激发胶凝材料。元素周期表上划出的具有水化和硬化等胶凝性能的材料范围是第二主族的碱土元素(Ca、Mg、Ba、Sr)与第三—第六主族元素形成的化合物(铝酸盐、硅酸盐、磷酸盐、硫酸盐);随着碱激发胶凝材料研究的发展,第一主族与第三、第四主族元素反应形成的碱铝硅酸盐或碱-碱土-铝硅酸盐的复合物不仅具有胶凝性而且其各项性能均优于硅酸盐水泥和铝酸盐水泥[18]。

在CFA-SL二元地聚合物的反应体系中,地聚合反应需首先经过以下两个反应过程:① 硅酸盐矿物粉体原料中的活性组分SiO_2和Al_2O_3的解聚;② 解聚的铝硅配合物溶解出来,并由固体颗粒表面向颗粒间隙的扩散。在地聚合反应过程中,反应体系的碱度是影响地聚合反应的重要因素。地聚合反应的化学外加剂一般是来自化学元素周期表第一主族的元素形成的化合物,本文中CFA-SL二元地聚合物体系所采用的化学外加剂为钠水玻璃和氢氧化钠(第一主族的元素形成的化合物)配制的复合化学外加剂。风干SL中的CaO含量高达40.7%,当SL经热活化处理后其主要物相组成为CaO、MgO和SiO_2。将其掺入到CFA中,它含有的硅铝质矿物成分,可以用其作为地聚合材料的硅铝源先驱相;含有的大量钙质组分以及碱性物质K_2O和Na_2O,为地聚合反应提供更高的碱性环境,增大了CFA-SL二元地聚合物的反应体系的碱度,有利于CFA硅铝相的解聚以及解聚的硅铝配合物的溶出和扩散,加速地聚合物凝胶的形成。因此,CFA-SL二元地聚合物是由第一和第二主族元素共同与第三、第四主族元素在水热条件下和碱性介质环境中形成的一种新型地聚合胶凝材料。

5.6　本章小结

（1）试验用 SL 为团聚的无定形结构，经热活化处理，在 145.1℃ 和 392.8℃，脱去吸附水和结合水，在 500℃～800℃ 之间，有机化学物质燃烧，高于 800℃，无机矿物尤其是碳酸钙和碳酸镁矿物分解为 CaO 和 MgO，在 892.8℃，DTA/TG 趋于平稳。

（2）风干 SL($<$45 μm)在 900℃ 焙烧 1 h，并以 10 wt% 取代 CFA 后制备的 CFA‐SL 二元地聚合物获得的力学性能最好。

（3）CFA‐SL 二元地聚合物在 XRD 图谱 20°～40°(2θ)间出现馒头状峰，这是地聚合物的特征峰，同时也有类沸石矿物斜方钙沸石($CaAl_2Si_2O_8 \cdot 4H_2O$)出现，属 Na‐PSS 型，这在 FT‐IR 中也得到印证，在 1 005 cm^{-1} 和 1 408 cm^{-1} 处为铝四面体和硅四面体的 Al‐O 和/或 Si‐O 键产生的对称伸缩峰；而在 739 cm^{-1} 为 Si‐O‐Si/Si‐O‐Al 弯曲振动峰；体系中阳离子 Na^+ 和 Ca^{2+} 共同键合在地聚合物中获得电价平衡；结合 XRD 分析，产物中还有方解石和石英存在；SEM 图也显示无定形的地聚合物凝胶在粉煤灰颗粒周围形成。

（4）SL 自身热值有助于其热活化处理；SL 中含有的硅铝质矿物成分，可以用其作为地聚合材料的硅铝源先驱相；SL 中含有的大量钙质组分和碱性物质 K_2O 和 Na_2O，为地聚合反应提供更高的碱性环境，增大了反应体系的碱度，有利于 CFA 硅铝相的解聚以及解聚的硅铝配合物的溶出和扩散，加速地聚合物凝胶的形成。CFA‐SL 二元地聚合物是由第一和第二主族元素共同与第三、第四主族元素在水热条件下和碱性介质环境中形成的一种新型地聚合胶凝材料。

第6章

重金属对高钙粉煤灰基地聚合物 (CFABG) 性能的影响

6.1 引　言

　　电子、电气设备制造业、化工业、冶金业、金属制品业、机械仪表业和制革业等会产生大量的重金属废弃物,垃圾焚烧飞灰等废弃物的重金属含量也有不同程度超标。重金属废弃物对人类健康和生态环境的潜在危害和影响是难以估量的,一旦发生,必定会给人类带来灾难性的后果。

　　重金属铅(Pb)及其化合物在现代工业中起着重要的作用,在人们的生产和生活中铅存在的场合不可避免[1]。铅及其化合物主要以粉尘或烟气经呼吸道进入人体的。铅严重影响着人类生存的环境,损害人体的神经、血液、消化、泌尿、生殖、内分泌和免疫等系统,对人体有很高的毒性。重金属铬(Cr)本身无毒,产生毒性作用的是铬的化合物,其中六价铬 Cr(Ⅵ)的化合物毒性最强。六价铬总是以氧化物(Cr_2O_3)、含氧酸根(CrO_{42}^-、$Cr_2O_{72}^-$)和铬氧基(CrO_{22}^-)等形式存在。六价铬溶于水可造成对水环境污染。六价铬和三价铬形成的配合物相对稳定,可以被水中的悬浮物吸附而沉降到泥土上,沉降在泥土上的铬会被植物吸收,造成对农作物和蔬菜等的铬污染。重金属汞(Hg)主要以食物、呼吸和皮肤接触这三种途径进入人体中。进入人体后,汞与细胞的蛋白质结合,形成阿尔明酸,导致蛋白质沉淀引起的腐蚀作用。汞化合物还会与氨基、羟基、咪唑基、嘌呤碱基和嘧啶碱基结合,导致细胞功能降低以致脏器功能减弱。

有效安全处置重金属污染物的技术不断发展,许多技术是基于水泥基固化/稳定材料的发展[2-3],也包括碱激发矿渣和其他胶凝材料的研究[4-5],长期以来,人们一致认为地聚合材料在废弃物处置的应用上有很高的潜在价值[6-10],在危险和放射性废弃物稳定化处置方面也有一定应用[11-13]。地聚合物独特的无机聚合三维网状结构,使其具有独特的吸附性、离子交换性、离子的选择性、耐酸性、热稳定性、多成分性及很高的抗毒性等。地聚合物的这种特殊结构决定了它所特有的性能[14]。硫化物在固化重金属方面发挥着重要作用。施慧聪[1]等在水泥基材料体系中将硫化钠作为重金属控制剂,通过对重金属浸出毒性的研究发现,当硫化钠过量时,浸出液中重金属浓度能显著降低,且基本控制在某恒定值,该值由重金属硫化物的溶解-沉淀平衡控制。Zhang[15-18]等发现,在粉煤灰地聚合物中,硫离子可以将 Cr(Ⅵ)转化为 Cr(Ⅲ),形成难溶的硫化物沉淀。

铬和铅是重金属污染物安全处置中备受关注的重金属元素,含汞废弃物的污染控制是近年来新兴的研究方向。本章优选研制的 CFABG 固封键合重金属铬、铅和汞,并用硫化钠作为重金属控制剂,测试固化体的力学性能和织构与形貌,研究重金属对 CFABG 性能的影响。

6.2　重金属对 CFABG 力学性能的影响

基于第 3—5 章的研究,本章研究重金属对优选的 CFABG,即 CFA —

元地聚合物、CFA‐FGDW 二元地聚合物和 CFA‐SL 二元地聚合物力学
性能、织构与形貌的影响。其中,CFA‐FGDW 二元地聚合物为在 800℃焙
烧 1 h 的 FGDW 以 10 wt%的掺量取代 CFA 而制得,CFA‐SL 二元地聚
合物为风干 SL(<45 μm)在 900℃焙烧 1 h,并以 10 wt%取代 CFA 后制
得。并以 FFA 地聚合物作对比试样。配合比见表 6‐1,下文同,不再赘
述。固封键合了 2.5%的铅 Pb(II)、2.5%的铬 Cr(VI)或 1.0%的汞
Hg(II)的地聚合物,在 75℃养护 8 h 后移至室温 23℃下继续养护至 28 d,
其抗压强度见表 6‐2。从表 6‐2 可以看出,在同一条件下,CFA 一元地聚
合物、CFA‐FGDW 和 CFA‐SL 二元地聚合物的抗压强度高于 FFA 地聚
合物的抗压强度。重金属铬 Cr(VI)对地聚合物抗压强度的影响最大,其次
为重金属铅 Pb(II),重金属汞 Hg(II)对抗压强度影响最小。

表 6‐1　地聚合物固封键合重金属的配合比

| Samples | Fly ash /g | FGDW /g | SL /g | Heavy metal | | | Na₂S /g | Chemical admixture /g | Water /g |
				Reagent	Weight /g	Element content /%			
CFA‐Blank	150	0	0	—	—	—	—	85	15
CFA‐Pb	150	0	0	Pb(NO₃)₂	6.00	2.5	1.42	85	15
CFA‐Cr	150	0	0	CrO₃	7.21	2.5	5.63	85	15
CFA‐Hg	150	0	0	HgO	1.62	1	0.59	85	15
CFA‐FGDW‐Blank	135	15	0	—	—	—	—	85	15
CFA‐FGDW‐Pb	135	15	0	Pb(NO₃)₂	6.00	2.5	1.42	85	15
CFA‐FGDW‐Cr	135	15	0	CrO₃	7.21	2.5	5.63	85	15
CFA‐FGDW‐Hg	135	15	0	HgO	1.62	1	0.59	85	15

续　表

Samples	Fly ash /g	FGDW /g	SL /g	Heavy metal			Na$_2$S /g	Chemical admixture /g	Water /g
				Reagent	Weight /g	Element content /%			
CFA – SL – Blank	135	0	15	—	—	—	—	85	15
CFA – SL – Pb	135	0	15	Pb(NO$_3$)$_2$	6.00	2.5	1.42	85	15
CFA – SL – Cr	135	0	15	CrO$_3$	7.21	2.5	5.63	85	15
CFA – SL – Hg	135	0	15	HgO	1.62	1	0.59	85	15
FFA – Blank	150	0	0	—	—	—	—	85	15
FFA – Pb	150	0	0	Pb(NO$_3$)$_2$	6.00	2.5	1.42	85	15
FFA – Cr	150	0	0	CrO$_3$	7.21	2.5	5.63	85	15
FFA – Hg	150	0	0	HgO	1.62	1	0.59	85	15

表 6 – 2　重金属对地聚合物抗压强度的影响

Samples	Compressive strength/MPa, 75℃ 8 h then 23℃ 28 d	Samples	Compressive strength/MPa, 75℃ 8 h then 23℃ 28 d
CFA – Blank	63.4	CFA – SL – Blank	58.7
CFA – Pb	45.5	CFA – SL – Pb	38.1
CFA – Cr	17.6	CFA – SL – Cr	29.8
CFA – Hg	59.0	CFA – SL – Hg	57.6
CFA – FGDW – Blank	46.2	FFA – Blank	41.3
CFA – FGDW – Pb	36.1	FFA – Pb	36.8
CFA – FGDW – Cr	27.0	FFA – Cr	33.0
CFA – FGDW – Hg	39.4	FFA – Hg	38.9

6.3　重金属对 CFABG 织构和形貌的影响

固封键合 2.5％的铅 Pb(II)、2.5％的铬 Cr(VI)或 1.0％的汞 Hg(II)的 CFABG，在 75℃养护 8 h 后移至室温 23℃下继续养护至 28 d，采用 XRD、FT‐IR 和 SEM‐EDXA 研究重金属对 CFABG 织构和形貌的影响。

6.3.1　重金属对 CFABG 物相组成的影响

从图 6‐1 可以看出，加入重金属对 CFA 一元地聚合物的物相组成没有太大影响，所有试样均在 20°~40°(2θ)间出现了馒头状峰，为无机地聚合物凝胶，图谱中检测到了类沸石矿物斜方钙沸石($CaAl_2Si_2O_8 \cdot 4H_2O$)。加入重金属后，图谱中斜方钙沸石的峰有所弱化，这说明加入重金属对地聚合反应产生了负面影响，减缓了地聚合反应的速度，体系中明显存在未

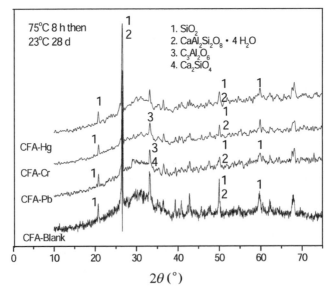

图 6‐1　重金属对 CFA 一元地聚合物物相组成的影响

反应的颗粒如石英、铝酸三钙和硅酸二钙等,然而,地聚合反应后没有新的晶相生成,可以判断,重金属已经以某种形式键合到了地聚合物的聚合骨架中。

图 6 - 2 为固封键合重金属的 CFA - FGDW 二元地聚合物的 X 射线衍射图。加入重金属后,来自 CFA 的 $CaCO_3$ 峰消失;重金属加入后在 25° (2θ) 有明显的未反应的 $CaSO_4$;固封键合了重金属铅 Pb(II)的试样,Pb(II)生成了难溶的 PbS;主要反应产物变化不大,仍为无定形的无机地聚合物凝胶。

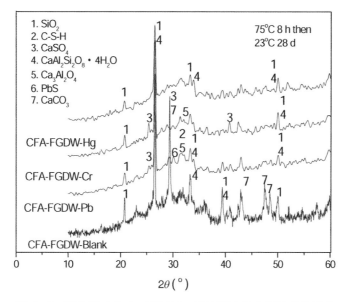

图 6 - 2　重金属对 CFA - FGDW 二元地聚合物物相组成的影响

图 6 - 3 为固封键合重金属的 CFA - SL 二元地聚合物的 X 射线衍射图。在 20°～40°(2θ)间出现了馒头状峰,主要为不同的无机地聚合物凝胶。重金属加入后,图谱中类沸石峰弱化,重金属的加入对地聚合反应产生了负面影响,减缓了地聚合反应的速度。由于 SL 中杂质成分对地聚合反应产生了影响,衍射图中的类沸石的组成变得较为复杂,有 $CaAl_2Si_2O_8 \cdot 4H_2O$、$H_4Si_8O_{18} \cdot H_2O$ 和 $Li_4Al_4Si_4O_{16} \cdot 4H_2O$ 等类沸石矿物生成。

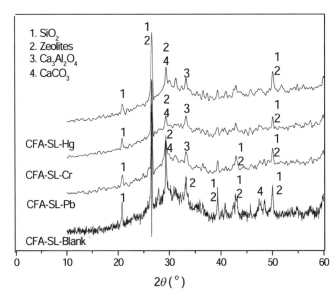

图 6-3　重金属对 CFA-SL 二元地聚合物物相组成的影响

图 6-4 显示了固封键合重金属的 FFA 地聚合物的 XRD 衍射图。与 CFA 地聚合物不同的是,在 20°~40°(2θ)间出现的馒头状峰没有 CFA 地

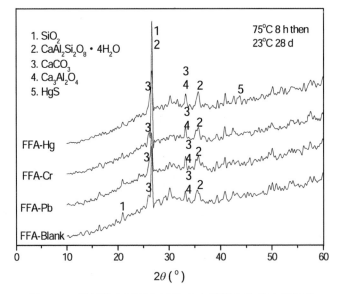

图 6-4　固封键合了重金属的 FFA 地聚合物的物相组成

聚合物的馒头状峰那么明显,整体上均为无定形产物,结晶相成分减弱,这与 FFA 含有较纯的硅铝相有关,因此,反应产物也较为单纯;固封键合了汞 Hg(II)的 FFA 地聚合物中检测到 HgS 物相成分,重金属的加入对 FFA 地聚合物结晶性没有明显的影响。

6.3.2　重金属对 CFABG 分子振动的影响

在层状铝硅酸盐中,硅氧四面体之间可以有不同的结合形式,铝既可取代硅形成铝氧四面体,也可以作为连接四面体的离子。因此,其红外光谱的特征吸收谱主要来自 Si - O,Al - O,Si - O - Si,O - Si - O 以及 Si - O - Al 的振动[18-20]。由于更复杂振动的简并叠加,频率增大,使得谱带位置发生偏移。

CFA 一元地聚合物固封键合重金属前后的红外谱图及其主要红外振动峰值见图 6 - 5。在 CFA 一元地聚合物中,重金属的加入引起了地聚合反应的变化,透光度与重金属加入前相比明显降低,依次为试样 CFA - Blank,CFA - Pb,CFA - Cr 和 CFA - Hg。CFA 一元地聚合物 CFA - Blank 的 FT - IR 谱线上最强特征峰对应的波数在 1 036 cm⁻¹ 附近,它对应的是 Al - O 和 Si - O 的对称伸缩峰,另外,1 400 cm⁻¹ 处出现的微弱的特征峰也为 Al - O 和 Si - O 的对称伸缩峰,747 cm⁻¹ 处为 Si - O - Si 弯曲振动峰。当 2.5% 的铅 Pb(II)、2.5% 的铬 Cr(VI)或 1.0% 的汞 Hg(II)掺入到 CFA 一元地聚合物中,除透光度不同外,特征峰的峰型相似,重金属对 Al - O 和 Si - O 对称伸缩峰产生了不同程度的影响。高度有序结构较低度有序结构,在红外光谱中表现出更尖锐的红外特征峰和更大的光谱分裂[21]。Al - O 对称伸缩峰出现于 1 049 cm⁻¹ 处,而 Si - O 的对称伸缩峰分裂为三个峰,波数分别为 1 401 cm⁻¹、1 450 cm⁻¹ 和 1494 cm⁻¹,而且三个特征峰非常强烈和明显,这表明重金属已经化学键合到了地聚合物的骨架结构之中。另外在较低的波数的 825 cm⁻¹ 和 875 cm⁻¹ 处,出现了两个明显的

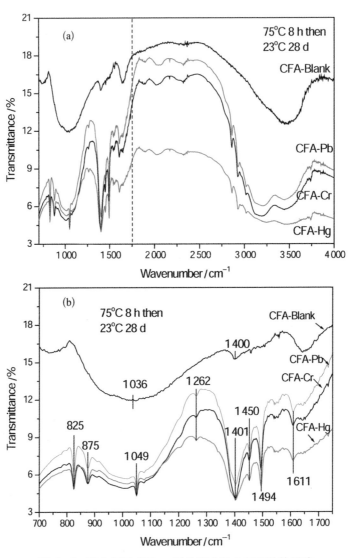

图 6-5　重金属对 CFA 一元地聚合物分子振动的影响

特征峰,这是 Si-O-Al 四面体的双环结构的对称伸缩振动,这表明重金属铅 Pb(II)、2.5%的铬 Cr(VI)或 1.0%的汞 Hg(II)参与了地聚合反应,重金属阳离子被化学键合在 CFA 一元地聚合物的三维网状结构中,部分置换了地聚合物的阳离子 Na^+ 或 Ca^{2+},引起了地聚合物分子基团的显著变化。

在 CFA - FGDW 二元地聚合物中(图 6 - 6)，重金属的加入使得透光度明显降低。当 2.5% 的铅 Pb(II)、2.5% 的铬 Cr(VI) 或 1.0% 的汞 Hg(II) 掺入到地聚合物中，Si - O 的对称伸缩峰由 1 408 cm^{-1} 的特征峰在

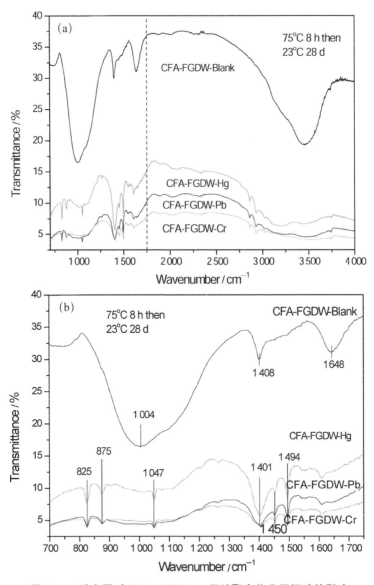

图 6 - 6　重金属对 CFA - FGDW 二元地聚合物分子振动的影响

波数为 1 400 cm⁻¹、1 450 cm⁻¹ 和 1 494 cm⁻¹ 处分裂为三个特征峰;并在较低的波数的 825 cm⁻¹ 和 875 cm⁻¹ 出现了两个明显的特征峰,这是 Si－O－Al 四面体的双环结构的对称伸缩振动,重金属参与了地聚合反应,化学键合在 CFA－FGDW 二元地聚合物的三维网状结构中,部分置换了地聚合物的阳离子 Na⁺ 或 Ca²⁺,引起了地聚合物分子基团的显著变化。

SL 促进了地聚合反应的发生,这与其含有较高的钙质组分以及 Na⁺ 和 K⁺ 等碱性物质直接相关,较高的碱度有利于地聚合反应进行。当 2.5% 的铅 Pb(Ⅱ)、2.5% 的铬 Cr(Ⅵ) 或 1.0% 的汞 Hg(Ⅱ) 加入后,CFA－SL 二元地聚合物透光度明显降低。相对于未加入重金属的地聚合物空白试样,并在较低的波数的 821 cm⁻¹ 和 875 cm⁻¹ 出现 Si－O－Al 对称伸缩振动峰。重金属的加入使得 Si－O 的对称伸缩峰在波数为 1 400 cm⁻¹、1 452cm⁻¹ 和 1 494 cm⁻¹ 处分裂为三个峰,见图 6－7。

当 FFA 地聚合物固封键合 2.5% 的铅 Pb(Ⅱ)、2.5% 的铬 Cr(Ⅵ) 或 1.0% 的汞 Hg(Ⅱ) 后,FFA 地聚合物在 821 cm⁻¹ 和 875 cm⁻¹ 出现 Si－O－Al 对称伸缩振动;在 1 409 cm⁻¹ 出现 Al－O 对称伸缩峰;在波数为 1 400 cm⁻¹、1 452 cm⁻¹ 和 1 496 cm⁻¹ 处出现三个 Si－O 的对称伸缩峰,见图 6－8。FFA 地聚合物固封键合重金属前后,地聚合物的特征峰几乎没有变化,这与 CFABG 有所不同。

6.3.3 重金属对 CFABG 形貌特征的影响

地聚合物的基本结构为硅氧四面体与铝氧四面体组成的三维网状无定形结构,这种特殊的结构能有效地以物理固封和化学键合的形式固化重金属。地聚合物的表观形态是一个非完全均匀的无定形态,在不连续的无定形物质之间也可能会有其他形貌的新生成的物质或未反应的原材料。

CFA 一元地聚合物固封键合 2.5% 的铅 Pb(Ⅱ)、2.5% 的铬 Cr(Ⅵ) 或 1.0% 的汞 Hg(Ⅱ) 后,地聚合物的形貌见图 6－9。从含重金属铅 Pb(Ⅱ) 的

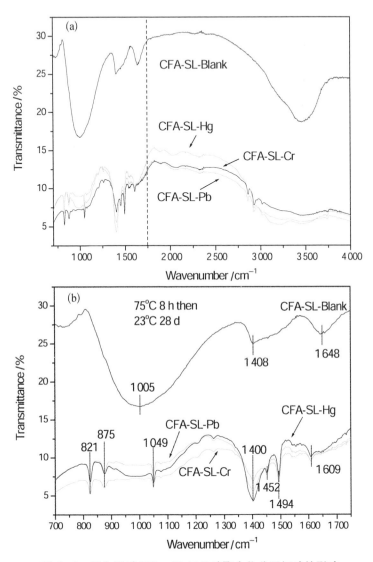

图 6-7 重金属对 CFA-SL 二元地聚合物分子振动的影响

试样 CFA - Pb 的扫描电镜图可以看到,在无定形的地聚合物表面有纤毛状微细产物生成,这可能是铅 Pb(II)参与地聚合反应生成的新产物;添加重金属汞 Hg(II)后,一些粒状产物生成;而铬 Cr(VI)加入后,CFA 一元地聚合物的无定形结构变得疏松。重金属在 CFA 一元地聚合物中均匀分

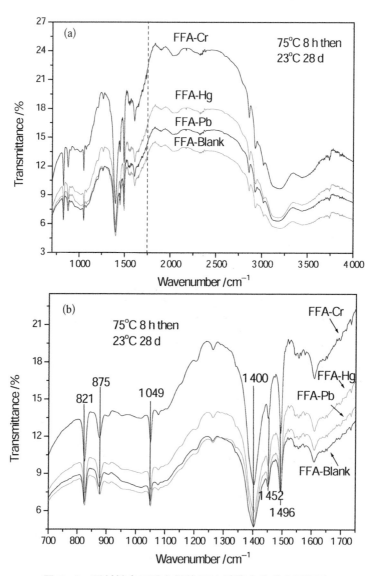

图 6-8 固封键合了重金属的 FFA 地聚合物的分子振动

布,如图 6-9 中所示 Cr(VI)的分布。

2.5%的铅 Pb(II)、2.5%的铬 Cr(VI)或 1.0%的汞 Hg(II)被 CFA-FGDW 二元地聚合物固化处理后的形貌见图 6-10。含重金属铅 Pb(II)的试样在无定形的地聚合物表面有微小的针状产物生成;添加重金属汞

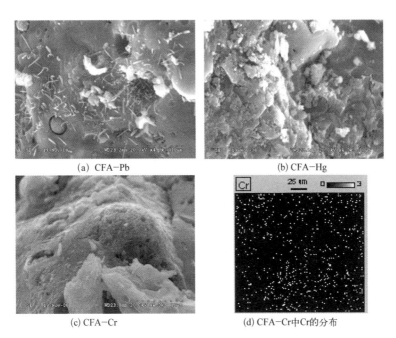

(a) CFA−Pb

(b) CFA−Hg

(c) CFA−Cr

(d) CFA−Cr中Cr的分布

图 6‑9　含重金属的 CFA 一元地聚合物的形貌特征

(a) CFA−FGDW−Pb

(b) CFA−FGDW−Hg

(c) CFA−FGDW−Cr

(d) CFA−FGDW−Cr 中铬的分布

图 6‑10　含重金属的 CFA‑FGDW 二元地聚合物的形貌特征

Hg(Ⅱ)和铬 Cr(Ⅵ)后,地聚合物微观结构为均匀的无定形结构,没有检测到其他形貌的产物。重金属在 CFA‑FGDW 二元地聚合物中均匀分布,如图 6‑10 中所示 Cr(Ⅵ)的分布。

　　CFA‑SL 二元地聚合物固封键合 2.5%的铅 Pb(Ⅱ)、2.5%的铬 Cr(Ⅵ)或 1.0%的汞 Hg(Ⅱ)后的形貌,见图 6‑11。重金属铅 Pb(Ⅱ)和汞 Hg(Ⅱ)被地聚合物固化处理后的试样,地聚合物中没有检测到其他特定形状的新产物;然而,含重金属铬 Cr(Ⅵ)的试样,细条状结构相互交织在粉煤灰颗粒表面。重金属被包裹束缚或参与地聚合反应化学键合在CFA‑SL 二元地聚合物中,并在地聚合物中均匀分布,如图 6‑11 中所示 Cr(Ⅵ)的分布。

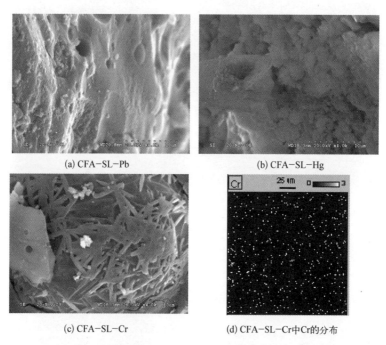

(a) CFA‑SL‑Pb　　　　　　　　(b) CFA‑SL‑Hg

(c) CFA‑SL‑Cr　　　　　　　(d) CFA‑SL‑Cr中Cr的分布

图 6‑11　含重金属的 CFA‑SL 二元地聚合物的形貌特征

　　重金属对 FFA 地聚合形貌特征的影响见图 6‑12。分别掺入 2.5%的铅 Pb(Ⅱ)、2.5%的铬 Cr(Ⅵ)和 1.0%的汞 Hg(Ⅱ)后,FFA 地聚合物均有一些微小的颗粒在无定形地聚合物的表面生成,且可以明显地看到一些微孔,FFA 地聚合物的密实性没有 CFABG 那么密实。重金属在 FFA 地聚合物中的分布均匀(图 6-12)。

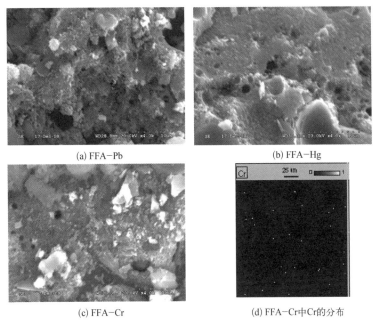

(a) FFA-Pb　　　　　　　　　(b) FFA-Hg

(c) FFA-Cr　　　　　　　(d) FFA-Cr中Cr的分布

图 6-12　含重金属的 FFA 地聚合物的形貌特征

由表 6-3 可以看出,添加重金属铬(Ⅵ)后,用 EDXA 可以检测到地聚合物表面有铬的存在,其质量百分含量范围为 0.16%～1.21%,低于重金属铬的原始掺入量 2.5%,这说明一部分铬被地聚合物物理固封和包裹在固化体的内部;而添加铅(Pb)和汞(Hg)的试样,并没有扫描和显示出铅和汞的百分比含量,这说明地聚合物的物理固封作用在地聚合物固化重金属铅和汞中起到了重要作用,铅和汞均被包裹在了地聚合物内部,而地聚合物并没有很好地将重金属铬物理固封在固化体内,表面也有部分铬留存,铬的存在影响了地聚合反应,这也是含铬地聚合物力学性能损失较多的原因。

表 6-3　地聚合物铝、硅和钙及所含重金属质量百分比的 EDXA 分析

Samples	wt%			
	Al	Si	Ca	Heavy metals
CFA - Pb	5.34	12.93	11.16	—
CFA - Cr	4.91	10.46	7.67	1.21
CFA - Hg	1.70	30.91	2.40	—
CFA - FGDW - Pb	4.66	12.55	6.84	—
CFA - FGDW - Cr	0.11	1.14	21.19	0.51
CFA - FGDW - Hg	18.36	9.64	2.59	—
CFA - SL - Pb	3.19	7.91	10.32	—
CFA - SL - Cr	12.51	15.26	6.68	0.88
CFA - SL - Hg	6.89	15.64	9.84	—
FFA - Pb	16.96	16.50	0.71	—
FFA - Cr	9.50	17.40	2.60	0.16
FFA - Hg	11.21	17.45	2.11	—

6.4　本章小结

　　分别固封键合 2.5% 的铅 Pb(II)、2.5% 的铬 Cr(VI) 或 1.0% 的汞 Hg(II) 后,CFABG 的性能发生了变化。

　　(1) 重金属的加入,降低了 CFABG 的抗压强度,其中,铬 Cr(VI) 对 CFABG 抗压强度的影响最大,其次为铅 Pb(II),汞 Hg(II) 对地聚合物抗压强度影响最小。

　　(2) 添加重金属后,XRD 测试表明,在 $20° \sim 40°(2\theta)$ 间出现了馒头状峰,这是地聚合物的特征峰,主要为不同的无机地聚合物凝胶,类沸石矿物除 $CaAl_2Si_2O_8 \cdot 4H_2O$ 外,还有 $H_4Si_8O_{18} \cdot H_2O$ 和 $Li_4Al_4Si_4O_{16} \cdot 4H_2O$

等出现;固封键合了重金属铅 Pb(II)和汞 Hg(II)的试样,重金属分别生成了难溶的 PbS 和 HgS;重金属加入后,衍射图中类沸石峰有所弱化,重金属的加入对地聚合反应产生了负面影响,减缓了地聚合反应速度。

(3) 添加重金属后,FI‐IR 的透光度与重金属加入前相比明显降低,复杂振动简并叠加,频率增大,使得谱带位置发生偏移。在较低波数的 $800\sim875$ cm^{-1} 出现两个明显的 Si‐O‐Al 四面体的双环结构的对称伸缩振动峰;而 Si‐O 的对称伸缩峰分裂为三个峰,波数位于为 $1\,400\sim1\,494$ cm^{-1}。重金属参与了地聚合反应,重金属阳离子被化学键合在地聚合物的三维网状结构中,部分置换了地聚合物的阳离子 Na$^+$ 或 Ca^{2+},引起了分子基团的显著变化。

(4) 添加重金属后,CFA 一元地聚合物、CFA‐FGDW 二元地聚合物和 CFA‐SL 二元地聚合物中分别出现了丝毛状、微细颗粒状、针状和细条状的产物;结构较重金属加入前疏松;重金属在 CFABG 中均匀分布;物理固封作用在地聚合物固化重金属铅和汞中起到了重要作用,铅和汞均被包裹在了地聚合物内部,而地聚合物并没有很好地将重金属铬物理固封在固化体内,表面也有部分铬留存,铬的存在影响了地聚合反应,这也是含铬地聚合物力学性能损失较多的原因。

第7章

高钙粉煤灰基地聚合物(CFABG) 固封键合重金属研究

7.1 引　言

重金属废弃物经 CFABG 固化处理后,重金属污染物被固封键合在固化体内,然而,当固化体与浸出溶液接触,浸出液可能破坏重金属的物理固封和化学键合,这样,重金属可能从固化体内部迁移、渗透和扩散至浸出液中,继而对生态环境造成新的危害。

浸出试验是检测地聚合物固封键合重金属效果的有效方法,地聚合物中重金属的浸出行为是衡量重金属废弃物长期安全性的重要指标,重金属废弃物的长期安全性需要通过重金属固封键合的短期效果来预估和评价。采用适当的浸出试验可以获得地聚合物中重金属含量水平的精确信息,也可以获得重金属迁移的动力学信息,并可以通过重金属的短期浸出行为,研究重金属在地聚合物中的迁移机制,并预测固封键合重金属的地聚合物的长期安全性。

地聚合物研究的带头人 Van Deventer J. S. J. 教授曾指出,地聚合物固封键合重金属的效果与重金属本身的性能直接相关,然而利用地聚合物固封键合重金属尚局限于含铜、铅等重金属废弃物,而对含较复杂的铬、汞等变价重金属废弃物的研究则较少。目前,相关研究较多地集中在地聚合物"固封"重金属的物理机制上而缺乏对地聚合物"键合"重金属离子的化学机制的深入研究;重金属废弃物固封键合效果和长期安全性的研究尚集中于对浸出液中的重金属浓度的研究,而缺乏对重金属污染物的释放机制的研究,重金属从固化体内部到固液界面,再到浸出液的迁移机制的研究有待增强。CFABG 对重金属铅以及复杂的铬和汞变价重金属的固封键合效果如何?浸出液的 pH 值对重金属在 CFABG 中的浸出行为产生着怎样的影响?重金属在 CFABG 中是否有可靠的长期安全性?以及重金属在 CFABG 中的迁移机制是怎样的?本章将深入地研究这些问题。

本章以 CFABG,包括 CFA 一元地聚合物、CFA － FGDW 二元地聚合物和 CFA － SL 二元地聚合物,并以 FFA 地聚合物为对比试样,固封键合重金属铅 Pb(II)、铬 Cr(VI) 或汞 Hg(II),研究 CFABG 固化体中各重金属的浸出行为、迁移机制和长期安全性。

7.2　国内外关于重金属浸出行为的评价方法和体系

固化体中重金属的浸出行为是衡量重金属固封键合效果和长期安全性的重要指标,重金属废弃物的长期安全性需要通过重金属固封键合的短期效果来预估和评价。重金属的浸出试验可以提供各重金属含量水平的精确信息,测试浸出液或萃取液中重金属的浓度可以评估废弃物的潜在危害性,从而评价废弃物中重金属到达地下水和地表水的潜在可能性。

目前,世界各国对危险污染物安全性评估的浸出试验的测试方法却各不相同。美国环境保护署采用的毒性浸出试验(TCLP)是采用酸性较强的醋酸缓冲溶液作为浸出介质,这种方法是建立在风险评估基础上的,考察危险废弃物管理不当时,混入城市生活垃圾填埋场的最恶劣处置情况下的浸出;而日本浸出试验与废弃物处置方式联系起来,若填埋处置则废弃物的浸出介质选用由盐酸调节 pH 为 5.8~6.3 的蒸馏水,来模拟安全填埋场中的渗滤液对废弃物的浸出,若投海处置则选用纯水或由氢氧化钠调节 pH 为 7.8~8.3 的蒸馏水为浸出介质,以模拟天然海水对废弃物的浸出行为;我国《固体废弃物浸出毒性浸出方法——水平振荡法》(GB 5086.2—1997)是采用无缓冲能力的中性或微酸性去离子水作为浸出介质,对固体废弃物进行鉴别试验,该方法制定时,没有说明浸出试验所模拟的实际处置场景,也没有与废弃物长期处置方式相结合,目前仅作为危险废弃物浸出毒性鉴别(主要为无机污染物)的标准方法;欧盟采用槽浸出测试方法 ANSI/ANS-16.1-2003,这种测试方法是基于危险污染物的释放机制,如冲刷影响,溶出效应,溶出控制释放等。虽然各个国家采用的浸出试验测试方法不同,但是殊途同归,其测试的目标和理念却极为相似,浸出试验的思路均是采用一定量的浸出液与固体废弃物相接触,经过一定的时间,污染物从固相进入液相,再将固相与液相分离,测试浸出液中的污染物的浓度。

纵观世界各国的浸出试验测试方法,大致可分为两大类,一类为静态浸出试验,一类为动态浸出试验。静态浸出试验是将定量的危险废弃物与定量的浸出液接触,不更新浸出液,在设定的时间内测定浸出液中浸出的重金属浓度;动态浸出试验则是用连续的浸出液或间歇地更换浸出液以保持重金属较高或最大的浸出动力,动态浸出试验的数据为污染物迁移提供了动力学信息。美国环境保护署采用的毒性浸出试验(TCLP)是静态浸出试验的典型测试方法,而欧盟采用的槽浸出试验(ANSI/ANS-16.1-2003)是动态浸出试验的典型测试方法。

7.3　CFABG 中重金属的浸出行为

本试验按照美国毒性浸出试验(TCLP)进行静态浸出试验,并参照欧盟槽浸出试验标准(ANSI/ANS‑16.1‑2003)进行动态浸出试验,研究 CFABG 中重金属的浸出行为。配合比见表 7‑1。试验详见第 2.3 节。

表 7‑1　地聚合物固封键合重金属的配合比

Samples	Fly ash /g	FGDW /g	SL /g	Heavy metal reagent			Na$_2$S /g	Chemical admixture /g	Water /g
				Reagent	Weight /g	Element content /%			
CFA‑Pb	150	0	0	Pb(NO$_3$)$_2$	0.060	0.025	0.014	85	15
CFA‑Cr	150	0	0	CrO$_3$	0.072	0.025	0.056	85	15
CFA‑Hg	150	0	0	HgO	0.016	0.01	0.006	85	15
CFA‑FGDW‑Pb	135	15	0	Pb(NO$_3$)$_2$	0.060	0.025	0.014	85	15
CFA‑FGDW‑Cr	135	15	0	CrO$_3$	0.072	0.025	0.056	85	15
CFA‑FGDW‑Hg	135	15	0	HgO	0.016	0.01	0.006	85	15
CFA‑SL‑Pb	135	0	15	Pb(NO$_3$)$_2$	0.060	0.025	0.014	85	15
CFA‑SL‑Cr	135	0	15	CrO$_3$	0.072	0.025	0.056	85	15
CFA‑SL‑Hg	135	0	15	HgO	0.016	0.01	0.006	85	15
FFA‑Pb	150	0	0	Pb(NO$_3$)$_2$	0.060	0.025	0.014	85	15
FFA‑Cr	150	0	0	CrO$_3$	0.072	0.025	0.056	85	15
FFA‑Hg	150	0	0	HgO	0.016	0.01	0.006	85	15

试样代码说明:CFA,高钙粉煤灰;FGDW,脱硫灰渣(800℃焙烧 1 h);SL,污泥(<45 μm,900℃焙烧 1 h);FFA,低钙粉煤灰;Pb、Cr 和 Hg,固封键合的重金属。下文同。

7.3.1 静态浸出行为

目前,毒性浸出试验(TCLP)是美国和加拿大用以判定危险废弃物的方法。根据美国环境保护法规定[10],毒性浸出试验测定的重金属元素浓度上限为:Cr,5.0 mg/L;Pb,5.0 mg/L;Hg,0.2 mg/L。

从表7-2可以看出,地聚合物分别固封键合0.025%的铅Pb(II),0.025%的铬Cr(VI)或0.01%的汞Hg(II)后,FFA地聚合物汞的浸出浓度为0.152 mg/L略接近于汞的浸出浓度上限0.2 mg/L外,而CFABG试样的重金属毒性浸出浓度远低于其上限值,固封键合重金属率为96.02%～99.98%。

表7-2 重金属的静态浸出浓度和固封键合率

Samples	Heavy metal, content/%	Lechate pH=2.88	
		leaching concentration, mg/L	Encapsulating and binding ratios / %
CFA-Pb	Pb(II),0.025	0.003	99.98
CFA-Cr	Cr(VI),0.025	0.015	99.88
CFA-Hg	Hg(II),0.01	0.068	98.04
CFA-FGDW-Pb	Pb(II),0.025	0.003	99.98
CFA-FGDW-Cr	Cr(VI),0.025	0.175	98.60
CFA-FGDW-Hg	Hg(II),0.01	0.021	99.58
CFA-SL-Pb	Pb(II),0.025	0.003	99.98
CFA-SL-Cr	Cr(VI),0.025	0.497	96.02
CFA-SL-Hg	Hg(II),0.01	0.049	99.02
FFA-Pb	Pb(II),0.025	0.003	99.98
FFA-Cr	Cr(VI),0.025	0.016	99.87
FFA-Hg	Hg(II),0.01	0.152	99.96

Van Jaarsveld et al. 和 Palacios and Palomo 等人[11-16]用地聚合物固封键合重金属铅,其静态浸出试验研究结果,见表 7 - 3,从此表可以看出,重金属铅的毒性浸出浓度有的甚至远高于重金属的浸出浓度上限,如 14 000～25 000 mg/L。与他们的研究相比,作者研制的 CFABG 对重金属的固封键合效果优良。

表 7 - 3　其他学者用地聚合物固封键合重金属铅 Pb(II)的静态浸出浓度

Researchers	Year	Heavy metal content/%	Leaching concentration (TCLP), mg/L
Van Jaarsveld et al.	1998	Pb (II), 0.5	14 000～25 000
Van Jaarsveld et al.	1999	Pb (II), 0.2	17～34
J. S. J. Van Deventer et al.	2001	Pb (II), 0.5	<5
Palacios and Palomo et al.	2004	Pb (II), 3.125	>10
Dan S. Perera et al.	2005	Pb (II), 1	<5

7.3.2　动态浸出行为

固封键合了重金属的 CFABG 与环境中的浸出液接触,浸出液处于不断的更新中,而非静态不变,流动性浸出液或定期更新浸出液的动态浸出行为更能反映地聚合物中重金属浸出行为的实际规律。因此,本节探讨地聚合物中重金属铅、铬和汞的动态浸出行为。

图 7-1 揭示了地聚合物中铅 Pb(II)的动态实时浸出浓度,即在定期更新浸出溶液的情况下,测试设定时间段内的重金属浸出浓度。CFABG 的浸出液中铅的动态实时浸出浓度极低(<1.1 μg/L),而 FFA 地聚合物的浸出液中铅的浓度比 CFABG 中的略高,但仍非常低(<6 μg/L)。在设定浸出时段中浸出液中铅的浓度先增加后降低,这是因为固封键合了重金属的地聚合物与新换浸出液接触后,浸出液渗透到地聚合物的孔结构中,在浸出液的作用下,重金属离子在无定形地聚合物凝胶中的化学键断裂加之

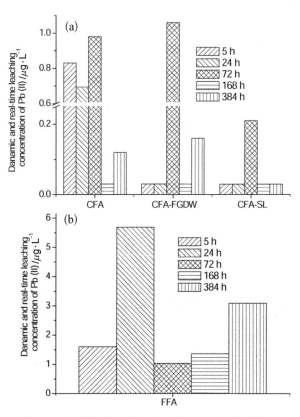

图 7-1　地聚合物中铅 Pb(II)的动态实时浸出浓度

物理固封作用削弱,这样,重金属的浸出速率有所增加;随着浸出时间的延长,地聚合物中的重金属浓度与更新的浸出液之间的浓度差逐渐降低,这样,重金属扩散的动力减弱,导致重金属浸出速率降低。

　　图 7-2 揭示了地聚合物中 Pb(II)的动态累积浸出浓度,即在定期更新浸出溶液的情况下,从地聚合物接触浸出液开始到测定时间内的重金属浸出浓度。地聚合物的铅的动态累积浸出浓度极低。在 72 h 内浸出浓度上升非常迅速,随时间延长,重金属的浸出速率逐渐趋于稳定。

　　图 7-3 和图 7-4 揭示了地聚合物中铬 Cr(VI)的动态实时浸出浓度和累积浸出浓度。地聚合物的重金属铬的动态实时浸出浓度小于 3.25 mg/L,虽然低于重金属毒性浸出试验的浓度限制(<5 mg/L),但是,相对于铅的

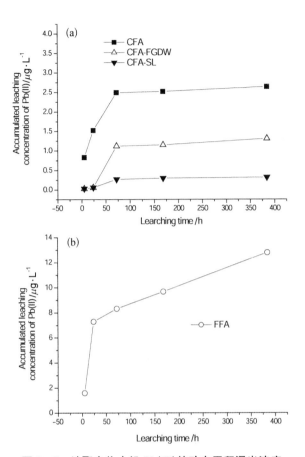

图 7-2　地聚合物中铅 Pb(II)的动态累积浸出浓度

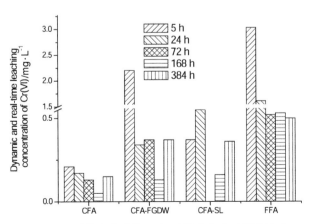

图 7-3　地聚合物中铬 Cr(VI)的动态实时浸出浓度

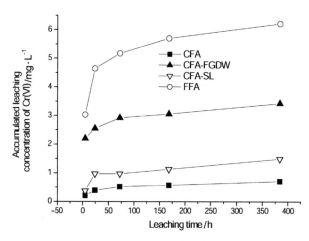

图 7-4 地聚合物中铬 Cr(VI)的动态累积浸出浓度

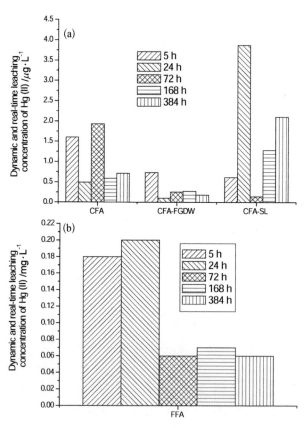

图 7-5 地聚合物中汞 Hg(II)的动态实时浸出浓度

固封键合效果,地聚合物对铬的固封键合效果要差得多。铬的累积浸出浓度在 72 h 内浸出浓度上升迅速,随时间延长,重金属的浸出速率逐渐趋于稳定,FFA 系列中铬的累积浸出浓度在 72 h 后高于重金属毒性浸出试验的浓度限制(<5 mg/L)。

图 7-5 和图 7-6 揭示了地聚合物中汞 Hg(II)的动态实时浸出浓度和累积浸出浓度。CFABG,在 384 h 内,重金属汞的动态实时浸出浓度非常低,低于 4.0 μg/L,而 FFA 地聚合物,汞的动态实时浸出浓度低于 0.2 mg/L,均低于美国环境保护署的重金属毒性浸出试验的浓度限制(<5 mg/L)。

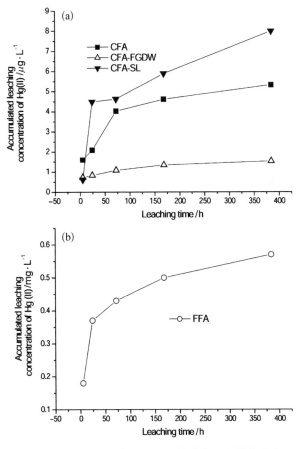

图 7-6　地聚合物中汞 Hg(II)的动态累积浸出浓度

CFA 一元地聚合物和 CFA‐FGDW 二元地聚合物中汞的累积浸出浓度，随浸出时间延长基本平稳，而 CFA‐SL 二元地聚合物和 FFA 地聚合物中的汞的累积浸出浓度在 24 h 内浸出浓度上升迅速，随时间延长，汞的浸出速率逐渐趋于稳定。

7.4 CFABG 中重金属的长期安全性

重金属的浸出行为是衡量重金属固封键合效果的重要指标，重金属废弃物的长期安全性需要通过重金属固封键合的短期效果来预估和评价。在重金属短期浸出试验研究的基础上，进一步研究重金属的有效扩散系数，可以为重金属废弃物的长期安全性预测提供有效工具。

参照欧盟槽浸出试验标准（ANSI/ANS‐16.1‐2003），其有效扩散系数可以用以下公式计算[17]：

$$D_{e,i} = \frac{\pi (E_i)^2}{(4U_{\mathrm{avail}}\rho)^2 (\sqrt{t_i} - \sqrt{t_{i-1}})^2} \qquad (7-1)$$

式中　　$D_{e,i}$——某成分 i 的有效扩散系数；

　　　　E_i——成分 i 浸出量的测定值（mg/m^2）；

　　　　U_{avail}——可供浸出的量（%）；

　　　　ρ——产品密度（kg/m^3）；

　　　　t_i——在更新浸出液（i）后的浸出时间（s）；

　　　　t_{i-1}——在更新浸出液（$i-1$）后的浸出时间（s）。

试验用薄片试样直径 D 为 70 mm，半径 r 为 35 mm，高 h 为 5 mm，计算得出：试样体积 $V(=\pi r^2 h)$ 为 19.2 cm^2，试样侧面积 $S(=2\pi rh)$ 为 10.99 cm^2；试验测得的试样密度 ρ 为 1.96 g/cm^3；试样的上、下表面用石蜡密封，薄片

试样浸没于 20 倍于试样体积的去离子水中(384.65 mL),由于上、下底面的密封,这样重金属只能从径向通过试样的侧面浸出。重金属铅 Pb(II)、铬 Cr(VI)和汞 Hg(II)的掺入量分别为 0.025%、0.025% 和 0.01%。经过浸出时间 t_i(5 h、24 h、72 h、168 h 和 384 h)后,试验测得浸出液中重金属的动态浸出浓度 C_i(mg/L),并将其转化为各重金属成分由试样侧面浸出的浸出量 E_i($=20VC_i/S$)的测定值(mg/m^2)。

在重金属短期浸出试验结果的基础上,用方程(7-1)计算重金属的有效渗透系数,可以为重金属废弃物的长期安全性预测提供有效工具。表 7-4 列出了地聚合物中重金属铅 Pb(II)、铬 Cr(VI)和汞 Hg(II)的有效扩散系数。地聚合物中铅的有效扩散系数非常低,为 $6.0\times10^{-16}\sim1.2\times10^{-10}$,铅在地聚合物中与阳离子钙离子或钠离子交换,化学键合在了地聚合物中,并被无定形的地聚合物物理固封起来,这样重金属铅迁移到浸出液中需要有足够的能量使化学键断裂并且挣脱物理固封作用,地聚合物对铅的固封键合具有良好的长期安全性;CFABG 对汞的固封键合效果明显比 FFA 地聚合物对汞的固封键合效果好,其有效扩散系数分别为 $1.2\times10^{-13}\sim3.4\times10^{-10}$ 和 $1.3\times10^{-8}\sim1.1\times10^{-6}$;而铬在地聚合物中的有效扩散系数介于 $3.4\times10^{-9}\sim5.1\times10^{-5}$,地聚合物对铬的固封键合效果没有对重金属铅和汞的效果那么优良。

表 7-4　地聚合物中重金属铅 Pb(II)、铬 Cr(VI)和汞 Hg(II)的有效扩散系数

D_e, Pb (II)	5 h	24 h	72 h	168 h	384 h
CFA	3.8×10^{-12}	1.8×10^{-12}	2.1×10^{-12}	1.2×10^{-15}	8.9×10^{-15}
CFA-FGDW	5.0×10^{-15}	3.4×10^{-15}	2.4×10^{-12}	1.2×10^{-15}	1.6×10^{-14}
CFA-SL	5.0×10^{-15}	3.4×10^{-15}	9.5×10^{-14}	1.2×10^{-15}	6.0×10^{-16}
FFA	1.4×10^{-11}	1.2×10^{-10}	2.3×10^{-12}	2.6×10^{-12}	5.9×10^{-12}
D_e, Cr (VI)	5 h	24 h	72 h	168 h	384 h
CFA	2.5×10^{-7}	1.1×10^{-7}	3.6×10^{-8}	3.4×10^{-9}	1.4×10^{-8}

D_e,Cr (VI)	5 h	24 h	72 h	168 h	384 h
CFA-FGDW	2.7×10^{-5}	4.4×10^{-7}	2.9×10^{-7}	2.3×10^{-8}	8.4×10^{-8}
CFA-SL	7.6×10^{-7}	1.3×10^{-6}	1.4×10^{-7}	3.5×10^{-8}	8.0×10^{-8}
FFA	5.1×10^{-5}	9.9×10^{-6}	5.8×10^{-7}	3.8×10^{-7}	1.5×10^{-7}
D_e,Hg (II)	5 h	24 h	72 h	168 h	384 h
CFA	8.5×10^{-11}	5.5×10^{-12}	4.8×10^{-11}	2.9×10^{-12}	1.9×10^{-12}
CFA-FGDW	1.8×10^{-11}	2.2×10^{-13}	8.1×10^{-13}	6.0×10^{-13}	1.2×10^{-13}
CFA-SL	1.2×10^{-11}	3.4×10^{-10}	2.5×10^{-13}	1.3×10^{-11}	1.6×10^{-11}
FFA	1.1×10^{-6}	9.1×10^{-7}	4.6×10^{-8}	4.0×10^{-8}	1.3×10^{-8}

地聚合物中重金属的浸出机制与重金属的固有性质和重金属的浸出环境介质直接相关。Côté 和 Btudke 在水泥基固封键合材料浸出试验的基础上,按污染物种类和浸出环境建立了在"重金属长期浸出试验的八种典型场景"下,重金属长期安全性的预测模型[18],给出了在诸多影响因素下,重金属的浸出率与浸出时间的函数关系,其中影响因素包括:浸出液的水压传导率、浸出液的化学特性、废弃物的水压传导率、废弃物中重金属的化学特征等。"重金属长期浸出试验八种典型场景"见表 7-5。重金属长期安全性预测模型见图 7-7。

表 7-5　重金属长期浸出试验的八种典型场景

Scenario	Contaminant, soluble(S) or insoluble (I)	Permeability of waste form	Leaching solution				
			Static	Flow around waste		Flow through waste	
				Low pH	Neutrual pH	Low pH	Neutrual pH
A	S or I	Low, high	Yes				
B	S	Low, high		Yes	Yes		

续　表

Scenario	Contaminant, soluble(S) or insoluble (I)	Permeability of waste form	Leaching solution				
			Static	Flow around waste		Flow through waste	
				Low pH	Neutrual pH	Low pH	Neutrual pH
C	S or I	Low, high	Yes				
D	S or I	Low, high		Yes			
E	S	Low				Yes	Yes
F	S	High				Yes	Yes
G	I	Low				Yes	Yes
H	I	High				Yes	Yes

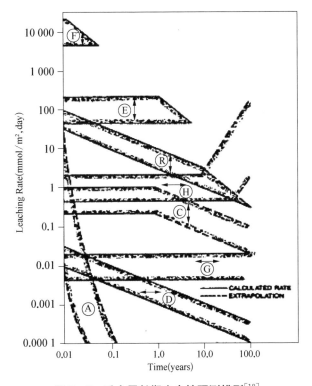

图 7 - 7　重金属长期安全性预测模型[18]

　　从"重金属长期浸出试验的八种典型场景"来看,固封重金属的 CFABG 的动态浸出试验属于 D 类。通过计算,CFABG 中重金属铅、铬和汞在 16 d 内的浸出率见表 7 - 6。由图 7 - 7 可知,D 类浸出设定 16 d 内的浸出率约为 0.01 mmol/m²,而试验所得的 16 d 内的重金属铅、铬和汞的浸出率要低得多,这说明 CFABG 固封键合重金属后,其长期安全性非常优异。

表 7 - 6　地聚合物中重金属铅 Pb(Ⅱ)、铬 Cr(Ⅵ)和汞 Hg(Ⅱ)的浸出率

Leaching ratio of Pb (Ⅱ), mmol/m²/day	0～24 h	24～72 h	72～168 h	168～384 h	Even
CFA	2.6×10^{-12}	8.3×10^{-13}	1.3×10^{-14}	2.3×10^{-14}	8.6×10^{-13}
CFA - FGDW	1.0×10^{-13}	9.0×10^{-13}	1.3×10^{-14}	3.0×10^{-14}	2.6×10^{-13}
CFA - SL	1.0×10^{-13}	1.8×10^{-14}	1.2×10^{-14}	5.6×10^{-15}	7.4×10^{-13}
FFA	1.2×10^{-11}	8.7×10^{-13}	5.7×10^{-13}	5.8×10^{-13}	3.6×10^{-12}
Leaching ratio of Cr(Ⅵ), mmol/m²	0～24 h	24～72 h	72～168 h	168～384 h	Even
CFA	2.6×10^{-6}	4.4×10^{-7}	8.4×10^{-8}	1.1×10^{-7}	8.0×10^{-7}
CFA - FGDW	1.7×10^{-5}	1.2×10^{-6}	2.1×10^{-7}	2.8×10^{-7}	4.7×10^{-6}
CFA - SL	6.5×10^{-6}	2.7×10^{-6}	2.7×10^{-7}	2.7×10^{-7}	2.4×10^{-6}
FFA	3.1×10^{-5}	1.8×10^{-6}	8.9×10^{-7}	3.7×10^{-6}	8.6×10^{-6}
Leaching ratio of Hg (Ⅱ), mmol/m²	0～24 h	24～72 h	72～168 h	168～384 h	Even
CFA	3.6×10^{-12}	1.7×10^{-12}	2.5×10^{-13}	1.4×10^{-14}	1.4×10^{-12}
CFA - FGDW	1.4×10^{-12}	2.1×10^{-13}	1.2×10^{-13}	3.5×10^{-14}	4.5×10^{-13}
CFA - SL	7.8×10^{-12}	1.2×10^{-13}	5.6×10^{-13}	4.1×10^{-13}	2.2×10^{-12}
FFA	6.7×10^{-7}	5.2×10^{-8}	3.0×10^{-8}	1.1×10^{-8}	1.9×10^{-7}

7.5 CFABG中重金属的迁移机制

虽然处置重金属废弃物的固化材料种类繁多,但由于固化技术的发展和应用时间都较短,加之,对重金属废弃物固化后的长期安全性需要通过固化的短期效果来预估或评价,而科学的评估体系必须建立在了解和掌握固化机制的基础上。Andres[19]等的研究结果表明,重金属铅、锌在不同的固化体系中表现出不同的浸出模式。Salaita[20]等研究指出,重金属部分以物理固封包裹形式被固化,部分则以化学键合的方式镶嵌在固化体系的产物结构内部而得以固化。Gardner[21]等的研究发现溶解度和物理迁移是影响有害成分浸出量的主要因素。关于重金属的固化机理,虽然已有很多研究,但这些研究基本都着眼于浸出液中重金属的含量,而对重金属从固体内部到固液界面再迁移至浸出液中的迁移机制研究甚少。

图7-8给出了动态浸出试验后,铅Pb(II)在地聚合物中的径向分布。地聚合物与浸出液接触后,少数铅受到浸出液的侵蚀引起其在地聚合物中的化学键断裂,加之物理包裹固封作用弱化,铅开始从试样圆心向试样边缘聚集,随着试样边缘铅含量的增加,铅在试样接近固液界面的一个区域内富集起来。在最初的5 h,试样圆心和边缘的铅含量差迅速加大;随着浸出时间的延长,圆心和边缘的重金属含量差有所减小,但铅仍向固相边缘富集,随着铅从固相向液相迁移,且迁移速率增加,到168 h之后,随着铅浸出速率的增加,试样圆心和边缘的铅含量差又有所拉大,之后,固相和液相的重金属浓度差降低,重金属浸出动力减弱。

图7-9给出了动态浸出试验后,铬Cr(VI)在地聚合物中的径向分布。FFA地聚合物与浸出液接触后,铬逐渐从试样圆心向试样边缘迁移,在试样固液界面的边缘区域内富集起来;而在CFABG中重金属铬没有明显的向边

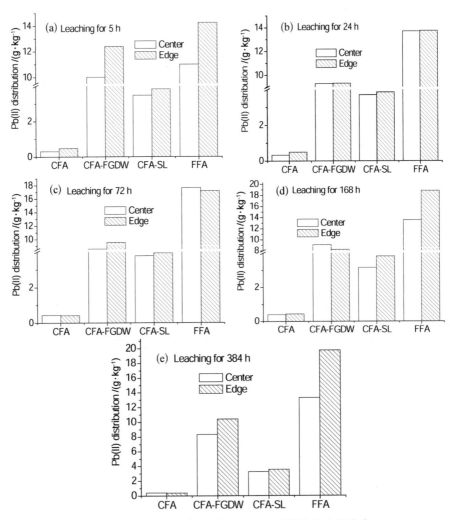

图 7-8 动态浸出试验后铅 Pb(II)在地聚合物中的分布

缘区域聚集的趋势,结合重金属铬的浸出规律,可知,浸出液中铬的浓度比铅大得多,铬向溶液中的浸出速率比铅快,这可能是由于试样边缘的铬容易突破固液界面处的阈值,重金属从试样边缘渗透到浸出液中的速率较快,地聚合物对铬的固封键合效果与对铅的固封键合效果相比相对较差。

图 7-10 给出了动态浸出试验后,汞 Hg(II)在地聚合物中的径向分布。地聚合物经过动态浸出试验后,汞在地聚合物中的径向分布与铅的相

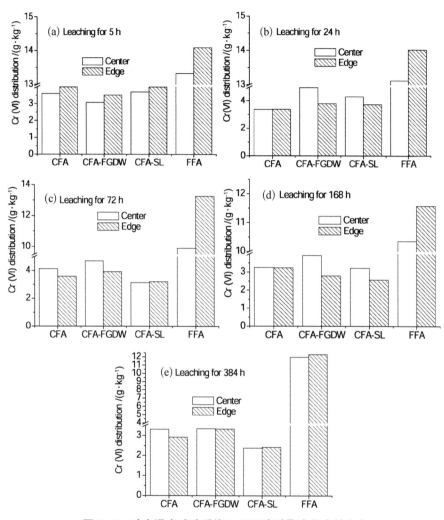

图 7 - 9　动态浸出试验后铬 Cr(Ⅵ)在地聚合物中的分布

似。汞从试样圆心向试样边缘迁移,并在试样接近固液界面的一个区域内
富集起来;随着浸出时间的延长,试样圆心和边缘的重金属浓度差先增加
后减小。

　　图 7-11—图 7-13 显示了地聚合物试样中重金属富集区内铅Pb(Ⅱ)、
铬 Cr(Ⅵ)和汞 Hg(Ⅱ)的实时含量。无论固封键合何种重金属,在重金属

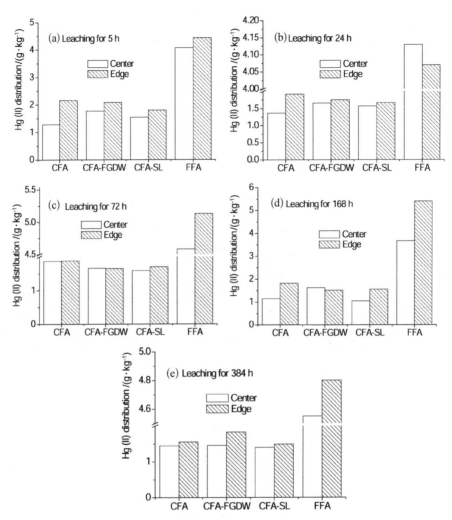

图 7-10 动态浸出试验后汞 Hg(II)在地聚合物中的分布

富集区,CFABG 的重金属实时含量均低于 FFA 地聚合物的实时含量,且重金属含量比较平稳。由于 CFABG 富集区内的重金属含量低,因此,重金属的浸出动力低,重金属从地聚合物固相迁移到浸出液液相中的速率即较慢,因而 CFABG 固封键合重金属铅 Pb(II)、铬 Cr(VI)和汞 Hg(II)效果比 FFA 地聚合物好。

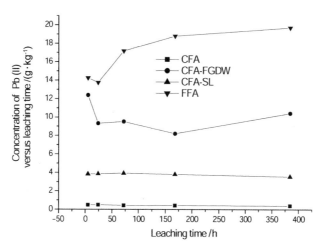

图 7‑11　不同浸出龄期重金属富集区铅 Pb(II)的实时含量

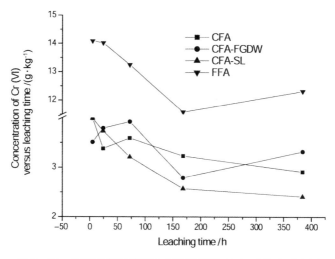

图 7‑12　不同浸出龄期重金属富集区铬 Cr(VI)的实时含量

　　基于以上的试验结果和讨论,构造出图 7‑14 所示的重金属从 CFABG 固相向浸出液迁移的“收缩未反应核浸出模型”,在这个液体—固体反应与浸出模型中,固封键合体系的体积大小不变,浸出液液相反应物最初在固封键合体系表层反应,反应界面不断向核心推进,核心的半径不断缩小,直至全部反应进行完为止。在此模型中,污染物浸出是基于酸性

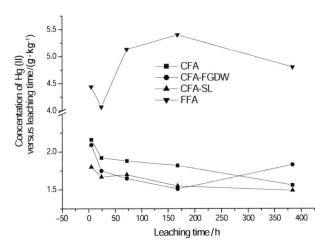

图 7‑13　不同浸出龄期重金属富集区汞 Hg(Ⅱ)的实时含量

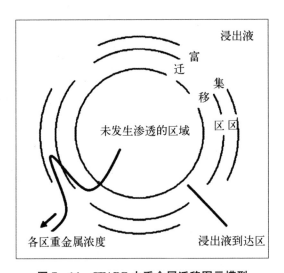

图 7‑14　CFABG 中重金属迁移图示模型

或中性浸出液渗透到固封键合体系内部,消耗或稀释体系内的碱性物质并使得污染物溶解,可溶相最终释放到浸出液中。假设固封键合重金属后的 CFABG 体系,其重金属动态迁移是一个由重金属种类和碱性成分供应量来控制的过程,浸出液因化学平衡和浓度差的动力而进入地聚合物体系内部,但从试样内部某一部位起由于中和反应的原因而继续向内渗透的仅是溶剂水,而试样中固封键合的重金属在浸出液的主要作用下,不能双向扩散,而只能向试样外部单方向的迁移,但是这些重金属可以在试样接近固液界面的一个区域富集起来。据此假设,CFABG 中重金属的迁移机制可以描述如下:

(1) 酸性或中性浸出液液相反应物与 CFABG 固封键合体系表层反应,并与试样中的硅酸钠、氢氧化钠、氢氧化钙等碱性成分发生反应,反应界面不断向核心推进,核心的半径不断缩小。

(2) 在酸性和中性溶液的作用下,固封键合在 CFABG 结构中的重金属阳离子与地聚合物结构发生化学键的断裂并溶解在溶液中,地聚合物物理固封作用也遭到破坏和削弱,这样,被溶解的重金属向地聚合物外迁移,并在固液界面的区域富集。富集区的宽度和重金属的富集程度由重金属类别和试样中的碱性物质的总量决定。富集区内重金属的含量可以高于试样的原始掺入量。

(3) 重金属一方面从富集区通过扩散作用渗透到溶液中,另一方面也会被浸出液的侵蚀溶解作用所带走。迁移区随着浸出液的持续向内扩散而向未发生渗透的区域扩张,未溶外壳和富集区也向内部迁移,但富集区在未到达试样中心前就会消失。

基于地聚合物中重金属的迁移图示模型,结合扩散理论对试样中重金属的迁移进行模拟[22]。由 Fick 第一定律可知,在 dt 时间内通过面积 A 的物质的摩尔数为

$$\mathrm{d}N = -DA\frac{\partial n}{\partial r}\mathrm{d}t \qquad (7-2)$$

式中,D 为扩散系数,$\frac{\partial n}{\partial r}$ 为浓度梯度,A 为重金属向外扩散通过的面积。

设图 7-12 中圆柱状试样高为 l,重金属由试样中心向外扩散的迁移半径为 r,则重金属扩散通过的截面面积为 $A = 2\pi rl$,Δr 区域内的孔隙率

为 θ,那么,方程(7-2)可表达为

$$dN = -D\theta \cdot (2\pi rl)\frac{\partial n}{\partial r}dt \qquad (7-3)$$

Δr 区域内增加的重金属的摩尔数为

$$\Delta N = \int_r^{r+\Delta r} dN$$

$$= -D\theta \cdot (2\pi rl)dt\int_r^{r+\Delta r}\frac{\partial n}{\partial r}$$

$$= -D\theta \cdot (2\pi rl)\Delta rdt\left(\frac{\int_r^{r+\Delta r}\frac{\partial n}{\partial r}}{\Delta r}\right)$$

即

$$\frac{\Delta N}{2\pi rl\Delta r} = -\left(D\theta\frac{\frac{\partial n}{\partial r}\Big|_{r+\Delta r}-\frac{\partial n}{\partial r}\Big|_r}{\Delta r}\right)dt \qquad (7-4)$$

因 $dn = dN/(2\pi rl \cdot \Delta r)$,即 $dn = dN/(A \cdot \Delta r)$,当 $\Delta r \rightarrow 0$ 时,有

$$\frac{\partial n}{\partial t} = -D\theta\frac{\partial^2 n}{\partial^2 r} \qquad (7-5)$$

结合式(7-2),则可得出

$$-\frac{DA}{V}\frac{\partial n}{\partial r} = -D\theta\frac{\partial^2 n}{\partial^2 r}$$

即

$$D\theta\frac{\partial^2 n}{\partial^2 r} - \frac{DA}{V}\frac{\partial n}{\partial t} = 0 \qquad (7-6)$$

求解得出[22]

$$n = C_1 e^{\frac{1}{\theta^r}} + C_2 \qquad\qquad (7-7)$$

式中，C_1 和 C_2 为边界条件控制的常数(数值为正)，$\theta = f(Ks, t)$，其中，Ks 为地聚合物自身以及固封键合体系材料与浸出液的化学反应速度，t 为反应时间。

由于试验和研究手段的局限性，尽管常数 C_1 和 C_2 尚未能确定，式 (7-7)仍可以反映 CFABG 固封键合体系中重金属迁移、扩散和浸出的理论体系。当重金属由核心向边缘迁移时，随着 r 的增加，即靠近固液界面，试样中重金属的含量也增加，则与试验所得重金属会在靠近固液界面的边缘区域富集是一致的。公式还表明，重金属的迁移、扩散和浸出性能与地聚合物本身的孔隙率和密实性直接相关，另外，试样的孔隙率和密实性也与浸出液的化学侵蚀速度和侵蚀时间有关。因此，重金属的迁移机制是一个多因素控制的复杂反应过程。

其他学者这方面也作出了相关探索。Hinsenveld 基于水泥基材料固化危险废弃物的研究，提出了固化体中重金属的潜在释放因子(Potential release factor, PRF)的数学模型[23]：

$$PRF = \frac{\sqrt{2D_{e,s} f_{mo}^2 C_m^2}}{\beta c} \qquad\qquad (7-8)$$

式中　PRF ——化/稳定体系中重金属的潜在释放因子；

　　　　$D_{e,s}$ ——酸性物相的扩散率；

　　　　f_{mo} ——废弃物中可供浸出的污染物；

　　　　C_m ——废弃物中污染物的浓度；

　　　　β_c ——固化/稳定体系的酸中和能力。

酸性物相的扩散率可以通过 H^+ 的扩散率来计算，为 9.33×10^{-5} cm^2/s。固封键合体系的酸中和能力可以通过固封键合体系中的碱性物质含量计算。

也有专家提出固封键合质量指标(Solidification Quality Index,SQI)的概念,定义为固封键合体系重金属潜在释放因子的对数函数,即

$$SQI = -\log(PRF) = -\frac{1}{2}\log\left[\frac{2D_{e,s}\,f_{mo}^2\,C_m^2}{\beta c}\right] \qquad (7-9)$$

重金属在固封键合体系中的迁移、扩散和浸出模型目前尚未建立一个标准体系,其理论模型尚无定论。

7.6 本 章 小 结

(1) 按照美国毒性浸出试验(TCLP)进行重金属静态浸出试验,测试 CFABG 中重金属的静态浸出行为:CFABG 分别固封键合 0.025% Pb(II)、0.025% Cr(VI)或 0.01% 的 Hg(II)后,在 0.1 mol/L 且 pH=2.88 的酸性浸出液中,重金属浸出浓度远低于 TCLP 规定限制,重金属的固封键合率分别为 96.02%～99.98%。

(2) 参照欧盟槽浸出试验(ANSI/ANS-16.1-2003)进行重金属动态浸出试验,测试了 CFABG 中铅 Pb(II)、铬 Cr(VI)和汞 Hg(II)的动态实时浸出浓度:浸出液中铅和汞的动态实时浸出浓度极低,分别低于 1.1 $\mu g/L$ 和低于 4.0 $\mu g/L$;重金属铬的动态实时浸出浓度为低于 3.25 mg/L,虽然低于重金属毒性浸出试验的浓度限制(<5 mg/L),但相对于铅和汞来说,地聚合物对铬的固封键合效果要差得多。重金属的累积浸出浓度在 72 h 内浸出浓度上升迅速,随时间延长,重金属的浸出速率逐渐趋于稳定。

(3) 由槽浸出试验模型的有效扩散系数计算公式计算得出 CFABG 中铅 Pb(II)、铬 Cr(VI)和汞 Hg(II)的有效扩散系数:CFABG 中铅和汞的有效扩散系数非常低,为 $6.0 \times 10^{-16} \sim 1.2 \times 10^{-10}$;CFABG 对汞的固封键合

效果明显比 FFA 地聚合物对汞的固封键合效果好,汞在 CFABG 中的有效扩散系数介于 $1.2 \times 10^{-13} \sim 3.4 \times 10^{-10}$,而汞在 FFA 地聚合物中的有效扩散系数介于 $1.3 \times 10^{-8} \sim 1.1 \times 10^{-6}$;铬在地聚合物中的有效扩散系数介于 $3.4 \times 10^{-9} \sim 5.1 \times 10^{-5}$,地聚合物对铬的固封键合效果不如对重金属铅和汞的固封键合效果。

(4) CFABG 中重金属从固相向浸出液液相迁移符合收缩未反应核浸出模型。酸性或中性浸出液与固封键合体系表层作用,并与试样中的硅酸钠、氢氧化钠、氢氧化钙等碱性成分发生反应,反应界面不断向核心推进,核心的半径不断缩小;与此同时,固封键合在地聚合物结构中的重金属阳离子与地聚合物结构发生化学键的断裂并溶解在溶液中,地聚合物物理固封体系弱化,被溶解的重金属向地聚合物外迁移,并在固液界面的区域富集;重金属从富集区通过扩散作用渗透到溶液中,CFABG 中重金属扩散量与扩散半径存在指数关系。重金属的迁移、扩散和浸出是一个多因素控制的复杂过程。

第 8 章
结论与展望

8.1 结　　论

本书在地聚合物的研制中协同处理 CFA、FGDW 和 SL,率先将地聚合物原材料由消耗自然资源的高岭石扩展到目前排放量巨大的含钙固体工业废弃物,开创性地研制 CFABG,包括 CFA 一元地聚合物、CFA - FGDW 二元地聚合物和 CFA - SL 二元地聚合物;研究 CFA 硅铝相溶出聚合机理和钙质组分的作用机制及 FGDW 和 SL 中的钙质组分对地聚合反应的影响,深化了地聚合物的理论研究;用所研制的 CFABG 固封键合重金属铅和较复杂的变价重金属铬和汞,定量研究这些重金属在地聚合物中的浸出行为、迁移机制和长期安全性,扩展了地聚合物固封键合重金属的数据库。试验研究可以得出以下主要结论:

(1) 钠水玻璃和氢氧化钠的复合化学外加剂的适宜的模数为 $n(SiO_2)/n(Na_2O)=1.5$,掺量为 Na_2O 当量 $=10$ wt%;FGDW 和 SL 的掺入方式和掺量分别为:800℃焙烧 1 h 的 FGDW 和 900℃焙烧 1 h 的 SL($<45\ \mu m$)以 10 wt%掺入 CFA;适宜的养护条件为,75℃养护 8 h,然后移至室温 23℃下继续养护至设定龄期,制得的 CFABG 具有优良的力学性能。

（2）CFA 被 5 mol/L 氢氧化钠碱性溶液激发，在室温 23℃，硅相和铝相的溶出浓度相近，而在 75℃，硅铝相的溶出浓度约为室温下溶出浓度的 2.5 倍；随着 CFA 不断地被碱性溶液激发，在碱激发作用、地聚合反应和水化反应多重作用下，粉煤灰颗粒的玻璃质球体被打破，部分硅铝相溶出，与此同时，大量无定形的地聚合物凝胶和水化硅酸钙凝胶填充其内。CFA 中的部分钙质组分参与了地聚合反应键合在地聚合物中，部分参与水化反应生成了水化硅酸钙凝胶，尚未反应的粉煤灰颗粒与地聚合物凝胶或水化产物胶结在一起。

（3）FGDW 对地聚合反应起到了硫酸盐激发和碱激发双重激发的作用，可以作为矿物外加剂与 CFA 共研制 CFA‑FGDW 二元地聚合物。FGDW 中的活性硫酸钙可能与 CFA 中溶出的 Al_2O_3 以及 CaO 反应生成钙矾石，而且 FGDW 含有的 CaO、K^+ 和 Na^+ 盐等碱性物质，增大了体系的碱度，促进了 CFA 玻璃体中的硅铝相的解聚和扩散，提高和加速了反应速率。

（4）CFA‑SL 二元地聚合物是由第一和第二主族元素共同与第三、第四主族元素在水热条件下和碱性介质环境中形成的一种新型地聚合物。SL 中含有的硅铝质矿物成分，可以用其作为地聚合材料的硅铝源先驱相；SL 中含有的大量钙质组分和碱性物质 K_2O 和 Na_2O，为地聚合反应提供更高的碱性环境，增大了反应体系的碱度，有利于 CFA 硅铝相的解聚以及解聚的硅铝配合物的溶出和扩散，加速地聚合物凝胶的形成。

（5）CFABG 的 FT‑IR 图谱出现 Al‑O/Si‑O 对称伸缩峰和 Si‑O‑Si/Si‑O‑Al 弯曲振动峰。XRD 衍射图在 $20°\sim40°(2\theta)$ 间出现地聚合物的特征馒头状峰，其主要产物为无定形的地聚合物凝胶，也有类沸石矿物 $CaAl_2Si_2O_8 \cdot 4H_2O$ 的形成。

（6）CFABG 分别固封键合 2.5% Pb(II)、2.5% Cr(VI) 和 1.0% Hg (II)后，抗压强度有所降低，其中铬对高钙粉煤灰基地聚合物抗压强度的影响最大,其次为铅,汞对地聚合物抗压强度影响最小;物相组成变化不大,主要物相仍为地聚合物凝胶,类沸石物相除 $CaAl_2Si_2O_8 \cdot 4H_2O$ 外,还有 $H_4Si_8O_{18} \cdot H_2O$ 和 $Li_4Al_4Si_4O_{16} \cdot 4H_2O$ 等的生成;铅、汞分别生成了难溶的重金属硫化物;FT-IR 的透光度明显下降,对称伸缩峰向较低波数处移动;重金属在 CFABG 中均匀分布,SEM 图谱中分别出现了丝毛状、微细颗粒状、针状和细条状的产物,结构较加入重金属前疏松。

(7) 研制的 CFABG 具有优异的固封键合重金属的性能。CFABG 分别固封键合 $0.025\%Pb(II)$、$0.025\%Cr(VI)$ 和 0.01% 的 $Hg(II)$ 后,按照美国毒性浸出试验(TCLP)进行重金属静态浸出试验,结果表明,在 pH 值为 2.88 的酸性浸出液中,重金属浸出浓度远低于 TCLP 规定限制,固封键合重金属率为 $96.02\%\sim99.98\%$;参照欧盟槽浸出试验(ANSI/ANS-16.1-2003)进行重金属动态径向浸出试验,结果表明,浸出液中铅和汞的动态实时浸出浓度分别低于 $1.1~\mu g/L$ 和低于 $4.0~\mu g/L$,铬的动态实时浸出浓度低于 $3.25~mg/L$,72 h 内重金属累积浸出浓度上升迅速,重金属的浸出速率随浸出时间延长逐渐趋于稳定。CFABG 中重金属的迁移机制符合"收缩未反应核浸出模型",重金属物质的扩散量与扩散半径存在指数关系,重金属的迁移、扩散和浸出是一个多因素控制的复杂过程。

8.2 展　　望

当今社会,大量工业废弃物以及有毒有害危险废弃物的产生不断破坏人类的生存空间。传统的废弃物治理方法不符合社会可持续发展战略的需求。因此,必须发挥材料科学家的潜力,攻克固体废弃物的处置利用瓶颈,实现固体废弃物的零排放和零增长。

用水泥基材料处置各种废弃物是全世界公认的最佳可持续发展途径。

但硅酸盐水泥原材料十分紧缺,不能满足国家经济建设和危险废弃物安全处置的迫切需要,因此必须开发新型胶凝材料取代水泥。地聚合材料因具有高性能、低成本、高可靠性及环境友好等优点,有望替代硅酸盐水泥,是一种可持续发展的胶凝材料。地聚合物的研究发展也相当迅速,已经从消耗自然资源的偏高岭土基地聚合物发展到利用工业固体废弃物研制地聚合物的阶段。

本书在地聚合物的研制中开创性地协同处置 CFA、FGDW 和 SL 这些工业固体废弃物,并用所研制的 CFABG 固封键合重金属,开展了较为系统而有效的工作,并取得了一定的成果,但这只是万里长征第一步,为了真正实现 CFABG 的资源化利用和重金属废弃物的安全处置,至少还有以下问题需要深入研究:① 硫酸盐激发和碱激发在地聚合反应中的兼容性和相互关系;② 在地聚合反应中,第一主族元素碱激发与第二主族元素碱激发的异同性;③ CFABG 的长期耐久性研究;④ 固封键合重金属后的 CFABG 固化体的资源化利用途径。

可持续发展是指导我国乃至整个世界今后发展的重大战略思想,发展循环经济是全社会的奋斗目标。循环经济的特征之一是废弃物的减量化、资源化和无害化,而 CFABG 是一种低能耗、高经济效益,并能大量共处置其他工业废弃物,同时又能处置含重金属的废弃物,实践循环经济,对节能减排和保护环境具有十分重要的理论意义和经济、社会及环境效益。

参考文献

第 1 章

[1] Shi Y, Du X, Meng Q. Reaction process of chromium residue reduced by industrial waste in solid phase [J]. International Journal of Iron and Steel Research, 2007, 14: 12 - 15.

[2] Sophia A C, Swaminathan K. Assessment of the mechanical stability and chemical leachability of immobilized electroplating waste [J]. Chemosphere, 2005, 58: 75 - 82.

[3] Athanasios K, Karamalidis, Evangelos A V. Release of Zn, Ni, Cu, SO_4^{2-} and CrO_4^{2-} as a function of pH from cement-based stabilized/solidified refinery oily sludge and ash from incineration of oily sludge [J]. Journal of hazardous materials, 2007, 141: 591 - 606.

[4] Maria C, Dimitris D. Evaluation of ettringite and hydrocalumite formation for heavy metal immobilization: Literature review and experimental study [J]. Journal of Hazardous Materials, 2006, 136: 20 - 33.

[5] Yu Qijun, Nagataki S, Lin Jinmei, et al. The leachability of heavy metals in hardened fly ash cement and cement-solidified fly ash[J]. Cement and Concrete Research, 2005, 35: 1056 - 1063.

［6］ Li Junfeng, Wang Jianlong. Advances in cement solidification technology for waste radioactive ion exchange resins: A review ［J］. Journal of Hazardous Materials, 2006, B135: 443 - 448.

［7］ Malviya R, Chaudhary R. Factors affecting hazardous waste solidification/stabilization: A review ［J］. Journal of Hazardous Materials, 2006, B137: 267 - 276.

［8］ Lin Kae-Long. The influence of municipal solid waste incinerator fly ash slag blended in cement pastes ［J］. Cement and Concrete Research, 2005, 35: 979 - 986.

［9］ Aubert J E, Husson B, Vaquier A. Use of municipal solid waste in incineration fly ash in concrete ［J］. Cement and Concrete Research, 2004, 34: 957 - 963.

［10］ Hardjito D, Wallah S E, Sumajouw D M J, et al. On the development of fly ash-based geopolymer concrete ［J］. ACI Mater J, 2004, 101(6): 467 - 472.

［11］ Buchwald A, Schulz M. Alkali-activated binders by use of industrial by-products ［J］. Cement and Concrete Research, 2005, 35(5): 968 - 973.

［12］ Davidovits J. Geopolymer chemistry and application ［M］. Geopolymer Institute, Saint-Quentin, France, 2008.

［13］ American Coal Ash Association. Coal Combustion Product (CCP) Production & Use Survey Results (Revised). ［EB/OL］. ［2009 - 1 - 20］. http://www.acaa-usa.org/associations/8003/files/2007_ACAA_CCP_Survey_Report_Form%2809 - 15 - 08%29.pdf.

［14］ 贺鸿珠,周敏,邱贤林. 2007 年上海市粉煤灰综合利用现状与对策［J］. 粉煤灰, 2008,(4): 3 - 5.

［15］ Xia C, He X, Li Y. Comparative sorption studies of toxic ocresol on fly ash and impregnated fly ash ［J］. Technol. Equip. Environ. Pollut. Control., 2000, 2: 82 - 86.

［16］ Wang J, Ban H, Teng X. Impact of pH and ammonia on the leaching of Cu(II) and Cd(II) from coal fly ash ［J］. Chemosphere, 2006, 64: 1892 - 1898.

[17] Shi J W，Chen S H，Wang S M，et al. Progress of modification and application of coal fly ash in water treatment [J]. Chin J. Chem. Ind. Eng. Process. ，2008，27：326 - 334.

[18] 郑和平. 粉煤灰综合利用有效途径探讨[J]. 综合管理，2008，(8)：170 - 171.

[19] Gravitt B B，Heitzmann R E，Sawyer J L. US Patent，4997484[P]. 1991.

[20] Jiang W，Roy D M. Hydrothemal processing of new fly ash cement [J]. Ceram. Bull，1992，71 (4)：642 - 647.

[21] Silverstrim T，Rostami H，Larralde J C，et al. Fly ash cementitous material and method of making a product. US patent，5601643[P]. 1997.

[22] Silverstrim T，Martin J，Rostami H. Geopolymer fly ash cement，Geopolymer'99 proceeding，1999，107 - 108.

[23] Van Jaarsveld J G S，Van Deventer J S J，Lorenzen L. Factors affecting the immobilization of metals in geopolymerized fly ash [J]，Methalurgical and materials transactions B，1998，29 (B)：283 - 291.

[24] Van Jaarsveld J G S，Van Deventer J S J. The effect of metal containants on the microstrue of fly-ash based geopolymers [J]. Geopolymer'99 proceeding，1999，229 - 249.

[25] Katz A. Microscopic study of alkali activated fly ash [J]. Cement and concrete research，1998，34(9)：197 - 208.

[26] Van Jaarsveld J G S，Van Deventer J S J，Lukey G C. The effect of composition and temperature on the properties of fly ash-and kaolinite-based geopolymers [J]. Chemical engineering journal，2002，89(1 - 3)：63 - 73.

[27] Swanepoel J C，strydom C A. Utilification of fly ash in a geopolymeric material [J]. Applied Geochemistry，2002，17：1143 - 1148.

[28] Palomo A，Grutzeck M W，Blanco M T. Alkali-activated fly ashes：a cement for the future [J]. Cement and concrete research，1999，29：1323 - 1329.

[29] 刘红岩. 脱硫石膏对矿渣微粉混凝土性能的影响研究[D]. 上海：同济大学，2008.

[30] 陈燕,岳文海,董若兰.石膏建筑材料[M].中国建材工业出版社,2003,7-55.

[31] 刘红岩,施惠生.我国脱硫石膏的资源化利用现状与问题分[J].矿冶工程,2006,26:233-235.

[32] George J V. Utilization of chemical gypsum in Japan [C]. 2nd International Conference on FGD and Chemical Gypsum. 1991,(5):12-15.

[33] Stein V. FGD-gypsum in the united Germany-trends of demand and supply [J]. 2nd International Conference on FGD and Chemical Gypsum. 1991,(5):12-15.

[34] Hamm H. Coping with the FGD gypsum problem [J]. ZKG, 1994, 8.

[35] Wirsching F, Olejnik R. Gypsum from flue gas desulphurization plants [J]. ZKG, 1994, 2:65.

[36] 丛钢,龚七一,丁宇. 脱硫石膏作水泥缓凝剂研究[J].水泥,1997,(3):6-8.

[37] 陶珍东,耿浩然. 亚硫酸钙烟气脱硫石膏作缓凝剂的研究[J].水泥工程,2004,(6):11-15.

[38] 施惠生,蔡勇.脱硫石膏对矿渣水泥性能的影响[J].水泥技术,2006,(1):26-30.

[39] Guo X L, Shi H S. Thermal treatment and utilization of flue gas desulphurization gypsum as an admixture in cement and concrete [J]. Construction and Building Materials, 2008, 22(7):1471-1476.

[40] Guo Xiao-lu, Shi Hui-Sheng, Liu Hong-Yan. Effects of a combined admixture of slag powder and thermally treated flue gas desulphurization (FGD) gypsum on the compressive strength and durability of concrete [J]. Materials and Structures, 2009, 42(2):263-270.

[41] 卫生,彭荣.新型化学石膏砌块[J].建筑技术开发,1999,(3):5-9.

[42] 黄孙恺,俞新浩.用烟气脱硫石膏制备建筑石膏的工艺技术[J].新型建筑材料,2005,(1):27-28.

[43] 王方群,原永涛.脱硫石膏性能及其综合利用[J].粉煤灰综合利用,2004,(1):41-44.

[44] 李传炽.利用脱硫石膏制造纸面石膏板[J].粉煤灰,2004,(1):46.

[45] 陈云嫩,梁礼明. 湿法烟气脱硫石膏在胶结尾砂充填的应用[J]. 矿产综合利用, 2005,(1): 42-45.

[46] 新华社. 中共首次把"生态文明"写进党代会政治报告[EB/OL]. [2007-10-16]. http://env. people. com. cn/GB/6385883. html.

[47] 人民网. 环保"十一五"规划: 我国环境形势依然严峻[EB/OL]. [2007-11-29]. http://env. people. com. cn/GB/6590094. html.

[48] 中国政府网. 关于印发国家环境保护"十一五"规划的通知[EB/OL]. [2007-11-26]. http://env. people. com. cn/GB/1072/6576769. html.

[49] 环境技术网. S问题36问[EB/OL]. [2006-11-19]. http://bbs. cnjlc. com.

[50] 环境技术论坛. S处理处置的认识误区与控制对策——《清华水业技术绿皮书》系列之一[EB/OL]. [2004-12-2]. http://bbs. cnjlc. com/thread-2323-1-1. html.

[51] Babatuned A O, Zhao Y O. Constructive approaches toward water treatment works sludge management: An international review of beneficial reuses [J]. Environmental science and technology, 2007, 37(2): 129-164.

[52] George A R. From lagooning to farmland application: The next step in lime sludge disposal [J]. Water Works Association, 1975, 67(10): 585-588.

[53] George D B, Berk S G, Adams V D, et al. Toxicity of alum sludge extracts to a freshwater alga, protozoan, fish, and marine bacterium [J]. Arch. Environ. Contam. Toxicol, 1995, 29(2): 149-158.

[54] Edson Luís Tocaia dos Reis, Marycel Elena Barbosa Cotrim, Cláudio Rodrigues, et al. Identification of the influence of sludge discharges from water treatment plants [J]. Journal of Brazil Quim Nova, 2007, 30(4): 865-872.

[55] 钱晓倩,甘海军. 城市S在水泥生产中的资源化利用[EB/OL]. [2007年8月20日]. www. pcbmi. com/hylt/hylt014. doc.

[56] Zabaniotou A, Theofilou C. Green energy at cement kiln in Cyprus-Use of sewage sludge as a conventional fuel substitute [J]. Renewable and sustainable energy review, 2008, 12(2): 531-541.

[57] Araceli Ga'l, Juan A C. Ignacio M G. Interaction between pollutants produced in sewage sludge combustion and cement raw material [J]. Chemosphere, 2007, 69 (3): 387 - 394.

[58] Martin C, Marie C, Pierre C. Technological and environmental behavior of sewage sludge ash (SSA) in cement-based materials [J]. Cement and Concrete Research, 2007, 37(8): 1278 - 1289.

[59] Anupam S, Satya P, Tewari V K. Trials on sludge of lime treated spent liquor of pickling unit for use in the cement concrete and its leaching characteristics [J]. Building and Environment, 2007, 42(1): 196 - 202.

[60] 王慧萍,黄劲,丁庆军,等.利用 S 和粉煤灰生产高强优质轻集料的研究 [J]. 武汉理工大学学报, 2004, 26(7): 38 - 40.

[61] Cernec F, Zule J, Moze A, et al. Chemical and microbiological stability of waste sludge from paper industry intended for brick production[J]. Waste Management and Research, 2005, 23(2): 106 - 112.

[62] Anderson M, Biggs A, Winters C. Use of two blended water industry byproduct wastes as a composite substitute for traditional raw materials used in clay brick manufacture[C]//Proceedings of the international symposium on recycling and reuse of waste materials, Dundee, Scotland, UK, 2003.

[63] Horth H, Gendebien A, Agg R, et al. Treatment and disposal of waterworks sludge in selected European countries [C]//Foundation for water research technical reports. No. 0428, 1994.

[64] Goldbold P, Lewin K, Graham A, et al. The potential reuse of water utility products as secondary commercial materials[R]. WRC technical report series No. UC 6081, Project contract No. 12420 - 0, Foundation for water research, UK, 2003.

[65] Fernando P T, Joao C G, Said J. Alkali-activated binders: A review Part 1. Historical background, terminology, reaction mechanisms and hydration products [J]. Construction and building materials. 2008, 22: 1305 - 1314.

[66] Davidovits J. Synthesis of new high temperature geo-polymers for reinforced plastics/composites[J]. SPE PACTEC 79 Society of Plastic Engineers, Brookfield Center, 1979, 151-154.

[67] Shi Caijun, Wu Xuequan, Tang Mingshu. Research on alkali-activated system in China: A review [J]. Advances in cement and research, 1993, 17: 1.

[68] 杨南如. 碱胶凝材料形成的物理化学基础(Ⅰ)[J]. 硅酸盐学报,1996,24(2): 209-215.

[69] 杨南如. 碱胶凝材料形成的物理化学基础(Ⅱ)[J]. 硅酸盐学报,1996,24(4): 459-465.

[70] 张云升,孙伟,沙建芳,等. 粉煤灰土聚合物混凝土的制备、特性及机理[J]. 建筑材料学报,2003,6(3): 237-242.

[71] 张云升,孙伟,林玮,等. 用环境扫描电镜原位定量研究 K-PS 型土聚合物水泥的水化过程[J]. 东南大学学报(自然科学版),2003,33(3): 351-354.

[72] 张云升,孙伟,林玮,等. 用环境扫描电镜原位定量追踪 K-PSDS 型土聚合物混凝土界面区的水化过程[J]. 硅酸盐学报,2003,31(8): 806-810.

[73] Zhang Yunsheng, Sun We, Jin Zuquan, et al. In situ observing the hydration process of K-PSS geopolymeric cement with environment scanning electron microscopy [J]. Materials Letters, 2007(61): 1552-1557.

[74] Zhang Yunsheng, Sun Wei, Li Zongjin. Preparation and Microstructure of K-PSDS Geopolymeric Binder [J]. Colloids and Surfaces A: Physicochemical and Engineering Aspects. 2007, 302: 473-482.

[75] 马鸿文,杨静. 矿物聚合材料：研究现状与发展前景[J]. 地学前缘,2002,4: 397-404.

[76] 袁玲,施惠生,汪正兰. 土聚水泥研究与发展现状[J]. 房材与应用,2002,2: 21-24.

[77] 吴怡婷,施惠生. 制备土聚水泥中若干因素的影响[J]. 水泥,2003,3: 1-3.

[78] 施惠生. 土聚水泥制备的探索试验与研究[J]. 水泥技术,2005,4: 15-18.

[79] 施惠生,吴敏. 土聚水泥的聚合反应与研究现状[J]. 材料导报,2007,21(8):

88 - 91.

[80] 吴敏,施惠生.土聚水泥的聚合反应与土聚水泥的研究现状[J].中国非金属矿工业导刊,2007,3:8 - 13.

[81] 段瑜芳.碱激发煤矸石基胶凝材料及水化机理的研究[D].上海:同济大学,2008.

[82] Divya K,Rubina C. Mechanism of geopolymerization and factors influencing its development:a review [J]. J Mater Sci ,2007,42:729 - 746.

[83] Davidovits J. Process for Obtaining a Geopolymeric Alumino-silicate and Products thus Obtained [J]. SUP. 1994,30(5):342 - 595.

[84] www. geopolymer. org.

[85] Jimenez A F,Palomo A. Characterisation of fly ashes. Potential reactivity as alkaline cements[J]. Fuel,2003,82(18):2259 - 2265.

[86] Terzano R,Spagnuolo M,Medicu L,et al. Copper stabilization by zeolite synthesis in polluted soils treated with coal fly ash[J]. Environ Sci Technol,2005,39(16):6280 - 6287.

[87] Höller H,Wirsching U. Zeolite formation from fly ash[J]. Fortschr Miner. ,1985,63,21 - 43.

[88] Silverstrim T,Rostami H,Larralde J C,et al. Fly ash cementitious material and method of making a product[P]. US Patent,5601643,1997.

[89] Fernandez-Jimenez A,Palomo A,Criado M. Microstructure development of alkali-activated fly ash cement:a descriptive model [J]. Cem. Concr. Res. ,2005,35(6):1204 - 1209.

[90] Van Jarsveld J G S,Van Deventer J S J,Lorenzen L. The potential use of geopolymeric materials to immobilize toxic materials:theory and application [J]. Materials Engineering,1997,10(7):659 - 669.

[91] Athos R,Luigi B,Joseph D. Application of geopolymeric cement for waste management and ecology. Results from the European research project geocistem [J]. Geopolymer'99 proceedings,1999,1:201 - 210.

[92] Van Jaarsveld J G S, Van Deventer J S J, Schwartzman A. The potential use of geopolymeric materiala to immobilize toxic metals: Part II. Material and leaching characteristic[J]. Minerals Engineering, 1999, 12(1): 75 - 91.

[93] Palomo A, Lopez de la Fuente J I. Alkali-activated cementitious materials: Alternative matrices for the immobilization of hazardous wastes Part 1. Stabilisation of boron[J]. Cement and concrete research, 2003, 33: 281 - 288.

[94] Palomo A, Lopez de la Fuente J I. Alkali-activated cementitious materials: Alternative matrices for the immobilization of hazardous wastes Part 2. Stabilisation of chromium and lead [J]. Cement and concrete research, 2003, 33: 289 - 295.

[95] ZhangYunsheng, SunWei, Chen Qianli, et al. Synthesis and heavy Metal immobilization behaviors of slag based geopolymer[J]. Journal of Hazardous materials, 2007, 143: 206 - 213.

[96] Zhang J G. Geopolymers for immobilization of Cr^{6+}, Cd^{2+}, and Pb^{2+} [J]. Journal of Hazardous Materials, 2008,157(2 - 3): 587.

[97] Yip C K, van Deventer J S J. Microanalysis of calcium silicate hydrate gel formed within a geopolymeric binder[J]. J. Mater. Sci. 2003, 38 (18): 3851 - 3860.

第 2 章

[1] Bell J L, Sarin P, Driemeyer P E, et al. X - Ray pair distribution function analysis of a metakaolin-based, $KAlSi_2O_6 \cdot 5.5 H_2O$ inorganic polymer (geopolymer)[J]. Journal of Materials Chemistry, 2008, 18(48): 5974 - 5981.

[2] Andini S, Cioffi R, Colangelo F, et al. Coal fly ash as raw material for the manufacture of geopolymer-based products[J]. Waste management, 2008, 28 (2): 416 - 423.

[3] Zhangyunsheng, Sunwei, Chenqianli, et al. Synthesis and heavy Metal immobilization behaviors of slag based geopolymer[J]. Journal of Hazardous materials, 2007, 143: 206 - 213.

［4］ Divya K，Rubina C. Mechanism of geopolymerization and factors influencing its development：a review［J］. J Mater Sci，2007，42：729 - 746.

［5］ Margareta S，Bert A. Leaching of mercury-containing cement monoliths aged for one year［J］. Waste Management，2008，28（3）：597 - 603.

［6］ Margareta S，Bert A. Diffusion tests of mercury through concrete，bentonite-enhanced sand and sand［J］. Journal of hazardous materials，2007，142：463 - 467.

［7］ Zhang Y S，Sun W，Chen Q L，et al. Synthesis and heavy metal immobilization behaviors of slag based geopolymer［J］. Journal of Hazardous Materials，2007，（1 - 2）：206 - 213.

［8］ Van Jaarsveld J G S，Van Deventer J S J，Lorenzen L. Factors affecting the immobilization of metals in geopolymerised fly ash［J］. Metall. Mater. Trans. B，1998，29（1）：283 - 291.

［9］ US Government，Toxicity characteristic leaching procedure（TCLP），Federal Register 55，1990，11798 - 11877.

［10］ Shi H，Shi J，Gang L，et al. Research on potential cementitious reactivity and immobilization effect by Portland cement on MSW fly ash［J］. Advances in cement research，2006，18（1）：35 - 40.

［11］ Chong Y R，Seong K K，Chang E K. Investigation of the stability of hardened slag paste for the stabilizationrsolidification of wastes containing heavy metal ions ［J］. Journal of Hazardous Materials，2000，B73：255 - 267.

［12］ Palomo A，Palacios M. Alkali-activated cementitious materials：Alternative matrices for the immobilisation of hazardous wastes Part II. Stabilisation of chromium and lead［J］. Cement and Concrete Research，2003，33（2）：289 - 295.

［13］ 乔秀臣,林宗寿,寇世聪,等.重金属在废弃粉煤灰—水泥固化体系内的迁移[J]. 武汉理工大学学报,2005,27(10)：11 - 14.

［14］ 王培铭,许乾慰.材料研究方法[M].北京：科学出版社,2005.

[15] 施惠生. 无机材料实验[M]. 上海：同济大学出版社，2003.

第 3 章

[1] Khale D, Chaudhary R. Mechanism of geopolymerization and factors influencing its development: a review [J]. J. Mater. Sci. , 2007, 42 (3): 729 – 746.

[2] Buchwald A, Schulz M. Alkali-activated binders by use of industrial by-products [J]. Cem. Concr. Res. , 2005, 35 (5): 968 – 973.

[3] Davidovits J. Geopolymer cements to minimize carbon-dioxide greenhouse-warming [J]. pp. 165 – 181 in Ceramic transactions cement-based materials: present, future, and environmental aspects. Edited by M. Moukwa, S. L. Sarkar, K. Luke, and M. W. grutzeek. The American ceramic society, Westerville, OH, 1993.

[4] Chindaprasirt P, Chareerat T, Sirivivatnanon V. Workability and strength of coarse high calcium fly ash geopolymer [J]. Cem. Concr. Comp. , 2007, 29 (3): 224 – 229.

[5] Duxson P, Provis J L, Lukey G C, et al. The role of inorganic polymer technology in the development of green concrete [J]. Cem. Concr. Res. , 2007, 37 (12): 1590 – 1597.

[6] Palomo A, Grutzeck M W, Blanco M T. Alkali-activated fly ashes-A cement for the future [J]. Cem. Concr. Res. , 1999, 29 (8): 1323 – 1329.

[7] Swanepoel J C, Strydom C A. Utilisation of fly ash in a geopolymeric material [J]. Appl. Geochem. , 2002, 17 (8): 1143 – 1148.

[8] Fernandez-Jimenez A, Palomo A. Composition and microstructure of alkali activated fly ash binder: Effect of the activator [J]. Cem. Concr. Res. , 2005, 35 (10): 1922 – 1984.

[9] Kovalchuk G, Fernandez-Jimenez A, Palomo A. Alkali-activated fly ash: Effect of thermal curing conditions on mechanical and microstructural development—Part II [J]. Fuel, 2007, 86 (3): 315 – 322.

[10] Peter D, John L P. Designing Precursors for Geopolymer Cements [J]. J. Am. Ceram. Soc. , 2008, 91 (12): 3864 - 3869.

[11] Yip C K, van Deventer J S J. Microanalysis of calcium silicate hydrate gel formed within a geopolymeric binder [J]. J. Mater. Sci. , 2003, 38 (18): 3851 - 3860.

[12] Fernandez-Jimenez A, Palomo A. Characterization of fly ashes. Potential reactivity as alkaline cements [J]. Fuel, 2003, 82 (18): 2259 - 2265.

[13] Palomo A, Alonso A, Fernandez-Jimenez A, et al. Alkaline activation of fly ash: NMR study of the reaction products [J]. J. Am. Ceram. Soc. , 2004, 87 (6): 1141 - 1145.

[14] Fernandez-Jimenez A, Garcia-Lodeiro I, Palomo A. Durability of alkali-activated fly ash cementitious materials [J]. J. Mater. Sci. , 2007, 42 (9): 3055 - 3065.

[15] Zhang J G, Provis J L, Feng D W, et al. Geopolymers for immobilization of Cr^{6+}, Cd^{2+}, and Pb^{2+}[J]. J. Hazard. Mater. , 2008, 157 (2 - 3): 587 - 598.

[16] Swanepoel J C, Strydom C A. Utilisation of fly ash in a geopolymeric material [J]. Appl. Geochem. , 2002, 17 (8): 1143 - 1148.

[17] Taylor H F W, Cement chemistry[M] 2nd edition. Thomas Telford, 1997.

[18] Van Deventer J S J, Provis J L, Duxson P, et al. Reaction mechanisms in the geopolymeric conversion of inorganic waste to useful products [J]. Hazard Mater. 2007, 139(3): 506 - 513.

[19] Xu H, Van Deventer J S J. The geopolymerisation of alumino-silicate minerals [J]. Int. J. Miner. Process. 2000, 59(3): 247 - 266.

[20] Provis J L, Van Deventer J S J. Geopolymerisation kinetics. 2. Reaction kinetic modelling [J]. Chem. Eng. Sci. 2007, 62(9): 2318 - 2239.

[21] Phair J W, Van Deventer J S J. Effect of the silicate activator pH on the microstructureal characteristics of waste-based geopolymers [J]. Int. J. Miner. Process. , 2002, 66 (1 - 4): 121 - 143.

[22] Zhang Y S, Sun W, Chen Q L, et al. Synthesis and heavy metal immobilization

behaviors of slag based geopolymer [J]. J. Hazard. Mater. , 2007, 143 (1 - 2):
206 - 213.

[23] Palomo A, Lopez dela Fuente J I. Alkali-activated cementitous materials:
Alternative matrices for the immobilisation of hazardous wastes Part I.
Stabilisation of boron [J]. Cem Concr Res, 2003, 33 (2): 281 - 288.

[24] Palomo A, Palacios M. Alkali-activated cementitious materials: Alternative
matrices for the immobilisation of hazardous wastes Part II. Stabilisation of
chromium and lead [J]. Cem. Concr. Res. , 2003, 33 (2): 289 - 295.

[25] Fernandez-Jimenez A, Palomo A, Criado M. Microstructure development of
alkali-activated fly ash cement: a descriptive model [J]. Cem. Concr. Res. ,
2005, 35 (6): 1204 - 1209.

第 4 章

[1] Dontsova K, Lee Y B, Slater B K, et al. Gypsum for agricultural use in Ohio—
Sources and quality of available products[EB/OL]. [2005]. http: //ohioline.
osu. edu/anr-fact/0020. html.

[2] Srivastava R K, Jozewicz W. Flue gas desulfurization: The state of the art [J]. J
Air Waste Manage. Assoc. , 2001, 51: 1676 - 1688.

[3] American Coal Ash Association. ACAA 2006 CCP Survey Results[EB/OL].
[2007 - 08 - 24]. http://acaa. affiniscape. com/associations/8003/files/2006 _
CCP_Survey_(Final - 8 -24 -07). pdf.

[4] United States Environmental Protection Agency (USEPA). Agricultural Uses
for Flue Gas Desulfurization (FGD) Gypsum[EB/OL]. [2008]. EPA530 - F -
08 - 009. http://www. epa. gov/epaoswer/osw/conserve/c2p2/pubs/fgd-fs. pdf.

[5] 施惠生, 郭晓潞. 脱硫石膏的热处理及其对矿渣水泥若干性能的影响[J]. 水
泥, 2007, 4: 5 - 7.

[6] Guo Xiaolu, Shi Huisheng. Thermal treatment and utilization of flue gas
desulphurization gypsum as an admixture in cement and concrete [J]. Construction

and Building Materials，2008，22(7)：1471-1476.

[7] Guo Xiaolu，Shi Huisheng，Hongyan Liu. Effects of a combined admixture of slag powder and thermally treated flue gas desulphurization (FGD) gypsum on the compressive strength and durability of concrete [J]. Materials and Structures，2009，42(2)：263-270.

[8] 施惠生，刘红岩，郭晓潞. 脱硫石膏对矿渣混凝土抗渗透性能的影响[J]. 同济大学学报，2009，5.

[9] Fernandez-Jimenez A，Palomo A. Characterization of fly ashes. Potential reactivity as alkaline cements [J]. Fuel，2003，82(18)：2259-2265.

[10] Khale D，Chaudhary R. Mechanism of geopolymerization and factors influencing its development：a review [J]. J. Mater. Sci.，2007，42：729-746.

[11] Xu H，Van Deventer J S J. Geopolymerisation of multiple minerals. Miner. Eng.，2002，15(12)：1131-1139.

[12] Brooks J J. Prediction of Setting Time of Fly Ash Concrete. ACI Mater. J.，2002，99 (6)：591-597.

[13] Puertas F，Martinez-Ramirez S，Alonso S，et al. Alkali-activated fly ash/slag cements Strength behaviour and hydration products [J]. Cem. Concr. Res.，2000，30 (10)：1625-1632.

[14] Wang K，Shah S P，Mishulovich A. Effects of curing temperature and NaOH addition on hydration and strength development of clinker-free CKD-fly ash binders [J]. Cem. Concr. Res.，2004，34 (2)：299-309.

[15] Swanepoel J C，Syrtdom C A. Utilisation of fly ash in a geopolymeric material [J]. Appl. Geochem.，2002，17 (8)：1143-1148.

[16] Atkins M，Glasser F P，Jack J J. Zeolite P in cements：Its potential for immobilizing toxic and radioactive waste species [J]. Waste Manage.，1995，15 (2)：127-135.

[17] Van Jaarsveld J G S，Van Deventer J S J，Lukey G C. The effect of composition and temperature on the properties of fly ash-and kaolinite-based geopolymers

[J]. Chem. Eng. ,2002,89 (1-3): 63.

[18]　Phair J W, Van Deventer J S J. Effect of the silicate activator pH on the microstructureal characteristics of waste-based geopolymers [J]. Int. J. Miner. Process. ,2002,66(1-4): 121-143.

[19]　Zhang Y S, Sun W, Chen Q L, et al. Synthesis and heavy metal immobilization behaviors of slag based geopolymer [J]. J. Hazard. Mater. ,2007,143(1-2): 206-213.

[20]　Palomo A, Lopez dela Fuente J I. Alkali-activated cementitous materials: Alternative matrices for the immobilisation of hazardous wastes Part I. Stabilisation of boron [J]. Cem. Concr. Res. ,2003,33 (2): 281-288.

[21]　Palomo A, Palacios M. Alkali-activated cementitious materials: Alternative matrices for the immobilisation of hazardous wastes Part II. Stabilisation of chromium and lead [J]. Cem. Concr. Res. ,2003,33 (2): 289-295.

[22]　Zhang J G, Provis J L, Feng D W, et al. Geopolymers for immobilization of Cr^{6+}, Cd^{2+} and Pb^{2+} [J]. J. Hazard. Mater. ,2008,157 (2-3): 587-598.

[23]　Swanepoel J C, Strydom C A. Utilisation of fly ash in a geopolymeric material [J]. Appl. Geochem. ,2002,17 (8): 1143-1148.

[24]　Taylor H F W. Cement chemistry. 2nd edition. Thomas Telford, 1997.

[25]　潘群雄. 煅烧石膏激发粉煤灰活性的机理研究[J]. 新型建筑材料,2001,12: 9-12.

[26]　段瑜芳. 碱激发煤矸石基胶凝材料及水化机理的研究[D]. 上海: 同济大学,2008.

[27]　Divya K, Rubina C. Mechanism of geopolymerization and factors influencing its development: a review [J]. J Mater Sci ,2007,42: 729-746.

[28]　钟白茜,刘玉红. 煅烧石膏对粉煤灰-石灰体系火山灰反应的影响[J]. 粉煤灰综合利用,2000,1: 7-11.

[29]　乔秀臣,林宗寿,寇世聪,等. 用碱式硫酸盐激发废弃粗粉煤灰的研究[J]. 武汉理工大学学报,2004,26(6): 8-14.

第 5 章

[1] Fernandez-Jimenez A，Palomo A. Characterization of fly ashes. Potential reactivity as alkaline cements [J]. Fuel，2003，82(18)：2259 - 2265.

[2] Khale D，Chaudhary R. Mechanism of geopolymerization and factors influencing its development：a review [J]. J. Mater. Sci. ，2007，42：729 - 746.

[3] Xu H，Van Deventer J S J. Geopolymerisation of multiple minerals[J]. Miner. Eng. ，2002，15(12)：1131 - 1139.

[4] Brooks J J. Prediction of Setting Time of Fly Ash Concrete [J]. ACI Mater. J. ，2002，99 (6)：591 - 597.

[5] Puertas F，Martinez-Ramirez S，Alonso S，et al. Alkali-activated fly ash/slag cements Strength behaviour and hydration products [J]. Cem. Concr. Res. ，2000，30 (10)：1625 - 1632.

[6] Wang K，Shah S P，Mishulovich A. Effects of curing temperature and NaOH addition on hydration and strength development of clinker-free CKD-fly ash binders [J]. Cem. Concr. Res. ，2004，34 (2)：299 - 309.

[7] Swanepoel J C，Syrtdom C A. Utilisation of fly ash in a geopolymeric material [J]. Appl. Geochem. ，2002，17 (8)：1143 - 1148.

[8] Atkins M，Glasser F P，Jack J J. Zeolite P in cements：Its potential for immobilizing toxic and radioactive waste species [J]. Waste Manage. ，1995，15 (2)：127 - 135.

[9] Phair J W，Van Deventer J S J. Effect of the silicate activator pH on the microstructureal characteristics of waste-based geopolymers [J]. Int. J. Miner. Process. ，2002，66 (1 - 4)：121 - 143.

[10] Zhang Y S，Sun W，Chen Q L，et al. Synthesis and heavy metal immobilization behaviors of slag based geopolymer [J]. J. Hazard. Mater. ，2007，143(1 - 2)：206 - 213.

[11] Palomo A，Lopez dela Fuente J I. Alkali-activated cementitous materials：

Alternative matrices for the immobilisation of hazardous wastes: Part I. Stabilisation of boron[J]. Cem. Concr. Res., 2003, 33(2): 281-288.

[12] Palomo A, Palacios M. Alkali-activated cementitious materials: Alternative matrices for the immobilisation of hazardous wastes Part II. Stabilisation of chromium and lead [J]. Cem. Concr. Res., 2003, 33 (2): 289-295.

[13] Zhang J G, Provis J L, Feng D W, et al. Geopolymers for immobilization of Cr^{6+}, Cd^{2+} and Pb^{2+}[J]. J. Hazard. Mater., 2008, 157 (2-3): 587-598.

[14] Swanepoel J C, Strydom C A. Utilisation of fly ash in a geopolymeric material [J]. Appl. Geochem., 2002, 17 (8): 1143-1148.

[15] Taylor H F W, Cement chemistry[M]. Thomas Telford, 1997.

[16] 段瑜芳. 碱激发煤矸石基胶凝材料及水化机理的研究[D]. 上海: 同济大学, 2008.

[17] Divya Khale, Rubina Chaudhary. Mechanism of geopolymerization and factors influencing its development: a review [J]. J Mater Sci, 2007, 42: 729-746.

[18] 杨南如. 碱胶凝材料形成的物理化学基础[J]. 硅酸盐学报. 1996, 24(4): 209-215.

第6章

[1] 施慧聪. 硫化物对水泥基材料中重金属的控制研究[D]. 上海: 同济大学, 2006, 3.

[2] Glasser F P. Fundamental aspects of cement solidification and stabilization [J]. J. Hazard. Mater., 1997, 52 (2-3): 151-170.

[3] Malviya R, Chaudhary R. Factors affecting hazardous waste solidification/stabilization: a review [J]. J. Hazard. Mater., 2006, B137: 267-276.

[4] Duxson P, Fern'andez-Jim'enez A, Provis J L, et al. Geopolymer technology: the current state of the art [J]. J. Mater. Sci., 2007, 42 (9): 2917-2933.

[5] Provis J L, Lukey G C, van Deventer J S J. Do geopolymers actually contain nanocrystalline zeolites? — a reexamination of existing results [J]. Chem.

Mater., 2005, 17 (12): 3075 – 3085.

[6] Shi C, Krivenko P V, Roy D M. Alkali-Activated Cements and Concretes[J]. Taylor and Francis, Abingdon, UK, 2006.

[7] van Deventer J S J, Provis J L, Duxson P, et al. Reaction mechanisms in the geopolymeric conversion of inorganicwaste to useful products [J]. J. Hazard. Mater., 2007, A139 (3): 506 – 513.

[8] Milestone N B. Reactions in cement encapsulated nuclear wastes: need for toolbox of different cement types [J]. Adv. Appl. Ceram., 2006, 105 (1): 13 – 20.

[9] Deja J. Immobilization of Cr^{6+}, Cd^{2+}, Zn^{2+} and Pb^{2+} in alkali-activated slag binders [J]. Cem. Concr. Res., 2002, 32 (12): 1971 – 1979.

[10] van Jaarsveld J G S, van Deventer J S J. The effect of metal contaminants on the formation and properties ofwaste-based geopolymers [J]. Cem. Concr. Res., 1999, 29 (8): 1189 – 1200.

[11] Palomo A, Palacios M. Alkali-activated cementitious materials: Alternative matrices for the immobilisation of hazardous wastes-Part II. Stabilisation of chromium and lead [J]. Cem. Concr. Res. 2003, 33 (2): 289 – 295.

[12] Duxson P, Provis J L, Lukey G C, et al. Understanding the relationship between geopolymer composition, microstructure and mechanical properties [J]. Colloids Surf. A Physicochem. Eng. Asp., 2005, 269 (1 – 3): 47 – 58.

[13] Duxson P, Mallicoat S W, Lukey G C, et al. The effect of alkali and Si/Al ratio on the development of mechanical properties of metakaolin-based geopolymers [J]. Colloids Surf. A Physicochem. Eng. Asp., 2007, 292 (1): 8 – 20.

[14] Zhang Jianguo, Provis J L, Feng Dingwu, et al. Geopolymers for immobilization of Cr^{6+}, Cd^{2+}, and Pb^{2+}[J]. Journal of Hazardous Materials, 2008, 157: 587 – 598.

[15] Zhang Jianguo, Provis J L, Feng Dingwu, et al. The role of sulfide in the immobilization of Cr (VI) in fly ash geopolymers[J]. Cement and Concrete

Research, 2008, 38: 681 - 688.

[16] Allan M L, Kukacka L E. Blast furnace slag-modified grouts for in situ stabilization of chromium-contaminated soil [J]. Waste Manag. , 1995, 15 (3): 193 - 202.

[17] Glasser F P. Fundamental aspects of cement solidification and stabilization [J]. J. Hazard. Mater. , 1997, 52 (2 - 3): 151 - 170.

[18] Rees C A, Provis J L, Lukey G C, et al. ATR - FT - IR analysis of fly ash geopolymer gel ageing [J]. Langmuir, 2007, 23 (15): 8170 - 8179.

[19] Lee W K W, van Deventer J S J. The use of infrared spectroscopy to study geopolymerization of heterogeneous amorphous aluminosilicates[J]. Langmuir, 2003, 19 (21): 8726 - 8734.

[20] Rees C A, Provis J L, Lukey G C, et al. In situ ATR - FT - IR study of the early stages of fly ash geopolymer gel formation [J]. Langmuir, 2007, 23 (17): 9076 - 9082.

[21] Lee W K W, van Deventer J S J. The effects of inorganic salt contamination on the strength and durability of geopolymers [J]. Colloids Surf. A Physicochem. Eng. Asp. , 2002, 211 (2 - 3): 115 - 126.

第7章

[1] Margareta S, Bert A. Leaching of mercury-containing cement monoliths aged for one year [J]. Waste Management, 2008, 28 (3): 597 - 603.

[2] Margareta S, Bert A. Diffusion tests of mercury through concrete, bentonite-enhanced sand and sand [J]. Journal of hazardous materials, 2007, 142: 463 - 467.

[3] Zhang Y S, Sun W, Chen Q L, et al. Synthesis and heavy metal immobilization behaviors of slag based geopolymer [J]. Journal of Hazardous Materials, 2007, (1 - 2): 206 - 213.

[4] Van Jaarsveld J G S, Van Deventer J S J, Lorenzen L. Factors affecting the

immobilization of metals in geopolymerised fly ash [J]. Metall. Mater. Trans. B，1998，29(1)：283-291.

[5] US Government，Toxicity characteristic leaching procedure (TCLP)，Federal Register 55，1990，11798-11877.

[6] Shi H，Shi J，Gang L，et al. Research on potential cementitious reactivity and immobilization effect by Portland cement on MSW fly ash [J]. Advances in cement research，2006，18 (1)：35-40.

[7] Chong Yoon Rha，Seong Keun Kang，Chang Eun Kim. Investigation of the stability of hardened slag paste for the stabilizationrsolidification of wastes containing heavy metal ions[J]. Journal of Hazardous Materials，2000，B73：255-267.

[8] Palomo A，Palacios M. Alkali-activated cementitious materials：Alternative matrices for the immobilisation of hazardous wastes Part II. Stabilisation of chromium and lead [J]. Cement and Concrete Research，2003，33 (2)：289-295.

[9] 乔秀臣,林宗寿,寇世聪,等. 重金属在废弃粉煤灰—水泥固化体系内的迁移[J]. 武汉理工大学学报，2005，27(10)：11-14.

[10] Toxicity Characterisation Leaching Procedure (TCLP)[Z]. EPA Method 1311，United States Environmental Protection Agency Publication SW-846，Cincinnati，OH，1999.

[11] Dan S P，Zaynab A，Eric R V，et al. Immobilization of Pb in a Geopolymer Matrix [J]. J. Am. Ceram. Soc.，2005，88 (9)：2586-2588.

[12] Davidovits J，Comrie D C，Paterson J H，et al. Geopolymeric Concretes for Protection for Environmental Protection [J]. Concr. Int.，1990，12 (7)：30-33.

[13] Van Jaarsveld J G S，Van Deventer J S J，Lorenzen L. Factors Affecting the Immobilization of Metals in Geopolymerized Flyash[J]. Met. Mater. Trans. B，1998，29B (2)：283-291.

[14] Van Jaarsveld J G S，Van Deventer J S J，Schwartzman A. The Potential Use of

Geopolymeric Materials to Immobilise Toxic Metals：Part II．Materials and Leaching Characteristics[J]．Miner．Eng．，1999，12(1)：75‐91．

[15] Phair J W，Van Deventer J S J．Effect of Silicate Activator pH on the Leaching and Materials Characteristics of Water-Based Inorganic Polymers [J]．Miner．Eng．，2001，14 (3)：289‐304．

[16] Palacios M，Palomo A．Alkali-Activated Flyash Matrices for Lead Immobilisation：A Comparison of Different Leaching Tests [J]．Adv．Cement Res．，2004，16 (4)：137‐144．

[17] Van Der Sloot H A．Developments in evaluating environmental impact from utilization of bulk inert wastes using laboratory leaching tests and field verification [J]．Waste Manage．，1996，16(103)：65‐81．

[18] Côté P，Bridle T R．Long-term leaching scenarios for cement-based waste forms [J]．Waste Manage．，1987，5(1)：55‐66．

[19] Andres A，Ortiz I，Viguri J R，et al．Long-term Behavior of Toxic Metals in Stabilized Steel Foundry Dusts [J]．Journal of Hazardous Materials，1995，40：31‐42．

[20] Salaita G N，Tate P H．Spectroscopic and Microscopic Characterization of Portland Cement Based Unleached and Leached Solidified Waste [J]．Applied Surface Science，1998，133：33‐46．

[21] Gardner K H，Theis T L Iyer R．An Experimental and Analytical Approach to Understanding the Dynamic Leaching from Municipal Solid Waste Combustion Residual [J]．Environmental Engineering Science，2002，19(2)：89‐100．

[22] 乔秀臣.用FGD激活废弃粗粉煤灰固化/稳定重金属废物的研究[D].武汉理工大学,2004.

[23] Shi Caijun，Spence R．Designing of Cement-Based Formula for Solidification/Stabilization of Hazardous，Radioactive，and Mixed Wastes [J]．Critical Reviews in Environmental Science and Technology，2004，34：391‐417．

后 记

人生的道路虽然漫长,但紧要处常常只有几步,特别是当人年轻的时候! 每当处于人生的重要关头,我总是颇有感触,总是对那些指引我前行的智者心存感激! 本研究工作得到国家留学基金委资助,在美国俄亥俄州立大学(OSU)进行,相关研究内容在导师施惠生教授和 Warren A. Dick 教授的精心指导下完成! 求学之路上,正是这些智者让我在迷茫中看见曙光,在徘徊中找到坚强,众人之助,感激不尽!

结缘同济大学是幸运的,更为幸运的是遇到了施惠生教授这样的良师益友。他严谨治学和克己守时的精神和风格,潜移默化地影响着我做人做事的态度、方式、细节和习惯。五年来,经历了硕士保研的泪眼婆娑,挤过了统招考硕的千军万马,实现了直接攻博的良好愿望,获得了公派出国的难得机会,每一次成长和进步都包含了恩师殷切的期望和精心的栽培! 喃喃自语的自卑中,他鼓励:"一张白纸可以画更好的画卷";第一次论文习作,他教导"论文撰写与散文创作是两回事";第一篇英文论文发表,他激励"百尺竿头,更进一步";留学美国,他教诲"正视自己,扬长避短"! 距离可以阻挡万水千山,经纬可以划分时间空间,然而隔着太平洋施老师对我试验和论文进展程度的关心却有增无减! 从选题,到试验工作开展,到本文构思修改,他的指导、提示、帮助和建议使我深受启发,对顺利完成本文起到了决定性作用。

在美国俄亥俄州立大学的两年里，在试验研究、论文撰写和国际学术交流方面，深得 Warren A. Dick 教授的鼎力支持以及其他友人的热情相助，另外也得到了 Wooster College 化学系主任 Judith 教授和 ATI 建筑实验室主管 Ben King 博士等人的技术支持，一并致谢！

非常感谢同门的师兄弟姐妹们和我的朋友们的真诚相助！

特别感谢我的家人给予了我前行的无穷动力和避风的温馨港湾！

二十几岁的生命，活力四射，生机勃勃；二十几岁的人生，充满机遇，富有变化；二十几岁的花样年华，开在同济园，无怨无悔，不求百花丛中我最艳，但求万花丛中一点红！人生会有多少个五年，而读研的五年，将永存心间，因为她赋予了我感恩的心态、拼搏的勇气、追求的信念和坚韧的性格，而这一切都源于母校同济大学，感谢母校赋予了我人生最宝贵的财富！

洪恩之下，岂言语可表之，唯化作前行动力以报之！为天地立心，为生民立命，为往圣继绝学，为万世开太平，以此句自勉之！

谨以此文献给所有关爱我的人！

郭晓潞

（郭晓潞，现为同济大学副教授、博士生导师，主要研究方向为先进土木工程材料、固废资源化、生态环境材料。本书是在作者博士论文基础上撰写而成。其博士论文荣获上海市优秀博士学位论文，相关成果获评上海市自然科学奖。以博士论文的开创性探索研究为基础，后续获批了国家自然科学基金青年基金1项、国家自然科学基金面上项目2项、上海市自然科学基金1项、教育部高等学校博士学科点专项科研基金2项、中央高校基本科研业务费专项资金2项。作者在探索研究利用粉煤灰基地聚合物共处置污泥、脱硫石膏、废弃黏土砖粉、城市垃圾焚烧飞灰等固体废弃物，并在地聚合物体系的硅铝相溶出聚合、钙影响作用机理、水组分演变规律、危废自固封重金属机制、超高韧性地聚合物基复合材料（EGC）等方面持续开展着系统而深入的研究。）